拒绝定义

女性怎样清醒地活

「わたし」を見つけた女たち

日本Rashisa出版社——编著　　胡玉清晓——译

中国科学技术出版社

·北　京·

图书在版编目（CIP）数据

拒绝定义：女性怎样清醒地活 /（日）日本 Rashisa 出版社编著；胡玉清晓译. -- 北京：中国科学技术出版社，2024.7

ISBN 978-7-5236-0421-2

Ⅰ. ①拒… Ⅱ. ①日… ②胡… Ⅲ. ①女性－人生哲学－通俗读物 Ⅳ. ① B821-49

中国国家版本馆 CIP 数据核字（2024）第 039053 号

策划编辑	李　卫	**责任编辑**	高雪静
封面设计	仙境设计	**版式设计**	蚂蚁设计
责任校对	吕传新	**责任印制**	李晓霖

出　　版	中国科学技术出版社
发　　行	中国科学技术出版社有限公司
地　　址	北京市海淀区中关村南大街 16 号
邮　　编	100081
发行电话	010-62173865
传　　真	010-62173081
网　　址	http://www.cspbooks.com.cn

开　　本	880mm × 1230mm　1/32
字　　数	168 千字
印　　张	8.25
版　　次	2024 年 7 月第 1 版
印　　次	2024 年 7 月第 1 次印刷
印　　刷	大厂回族自治县彩虹印刷有限公司
书　　号	ISBN　978-7-5236-0421-2 / B · 158
定　　价	59.00 元

前言

你是谁？恐怕没有人能立刻答出这个问题，因为人最不懂的其实就是自己。

活出自我。

做自己。

活在自己的坐标轴上。

每当看到这样的话，更多的人就会迷茫“什么才是做自己”，好像进入了找不到答案的迷宫。不过，暂时找不到答案也没关系，无论你现在身处多么艰难的境地，无论你有多大的烦恼，你都要相信你拥有独属于自己的价值。如果你能找到这份价值，“你是谁”的问题就能迎刃而解了。

你能成为想成为的自己

新时代已经到来，人们都察觉到金字塔型的社会结构[①]已经画上了休止符，注重横向联系和关注个体才是新时代的生活方

---

① 金字塔型的社会结构：人类社会最基本的组织结构，是一种穷人占绝大多数而富人占少数，同时贫富差距较大的社会结构。——译者注

式。正因为这是一个重视个体、尊重多样性的时代，所以大家才会被“活出自我”这句话所吸引，也有很多人因为这句话感到安心。然而，当我们把一直以来都指向外部的视角转向自己时，又会看到什么呢？

这就是我们要面对的“你是谁”的问题。而现实情况是，自己很难准确地找到这个问题的答案。当然，也有人能够马上回答出来。

我是护士。

我是两个儿子的妈妈。

我是女经理。

我想很多人都会这样回答。但头衔、职业、家庭角色并不代表你的全部，这些只是别人眼中的你，它只是你的一部分属性，而很多人并不知道自己眼中的自己到底是什么样子的。

本书讲述了 20 位女性的故事，她们一开始也都处于“不知道自己是谁”“怀疑自己是否有价值”的状态。但现在，她们已经可以底气十足地回答“你是谁”这个问题了。因为她们在历经了艰辛和面对了无数烦恼之后，已经逐渐挖掘出自己的价值。

拿到本书的你或许也正迷失在“做自己”的迷宫中，或许你正是因为不知道自己是谁，所以才会纠结“我是不是没有价值”。本书中出现的 20 位女性也曾和你有一样的烦恼，所以我希望你能理解，你现在会有这样的烦恼实属正常。

· 今后想要创业的人。

· 不知道将来要从事什么职业的人。

· 对未来感到迷茫不安的人。

· 不知道是否应该继续现在这份工作的人。

· 觉得自己没有梦想和希望的人。

本书就是为你们而创作的，如果你认为自己是上述人群的其中一员，请一定要阅读本书。

前言就写到这里，让我们一起来读一读这 20 位女性的故事吧。如果各位读者能把她们每个人的人生代入自己的人生，与她们一起烦恼，一起哭泣，一起欢笑，那么作为创作者，我想没有比这更高兴的事了。而且，读完这本书之后，你一定会意识到，你也有独属于自己的价值。

日本 Rashisa 出版社编辑部

目录

青木志织：我选择成为一名能真正治愈动物的兽医

我们要有怀疑自我的能力，时常问自己“只有我这么认为吗”，并勇于按下“试一试”的开关。过于谦逊会阻碍我们向前迈进，导致事情无法开始。

青木志织
维尔（Will）动物医院董事长
兽医师 / 一级兽医中医师 / 兽医推拿整骨师

1986 年出生于奈良县。她在兽医大学就读时，对只有西医的课程安排感到疑惑，于是立志学习在大学中无法学到的中医学，后就读于日本兽医中医药学院。2015 年她与丈夫一同开设了维尔动物医院，致力于让动物也能接受针灸治疗，让中医学走进日常生活中。维尔动物医院全部采取预约制就诊，疗法以针灸治疗为主，这在动物医院中并不常见。现在维尔动物医院已经成为每日预约爆满的高人气医院，甚至有客人带着动物花几小时从外地前来就诊。她还在网络专栏上连载关于动物针灸治疗的文章（兽医学出版社），同时她也反复与动物主人就动物变老以及送终的心理准备等问题进行交流，并在社交网络上积极发布相关信息。

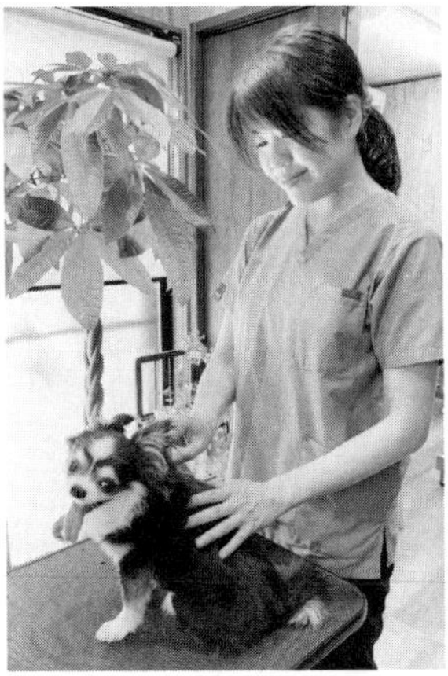

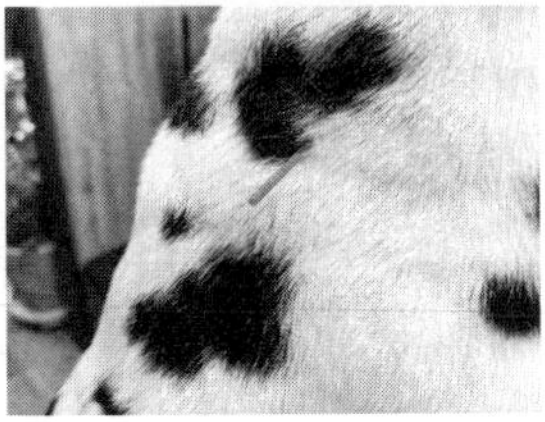

日程表

时间	内容
06:00	起床、练气功、工作联络等
07:00	女儿们起床，与她们一起跳体操
08:15	动物医院开门前的准备工作
08:30	开始诊疗，丈夫送女儿们去托儿所
18:00	丈夫接到女儿们后，把她们带到动物医院二楼
19:00	结束诊疗
19:30	一家人一起回家
21:15	和女儿们一起阅读绘本，哄她们睡觉
22:30	准备入睡，冥想
23:00	睡觉

以打造一家以针灸治疗为主的全新动物医院为目标

大家知道动物也可以使用针法和灸法来进行治疗吗？我是一名兽医，现在和担任动物美容师的丈夫一起在东京都羽村市经营着一家以针灸治疗为主的动物医院。伴随着动物的老龄化，它们身上也会出现越来越多的病症。除了一般的疗法（西医治疗），动物对其他疗法的需求也日益增多。

说到针灸治疗动物，就必然涉及患有慢性病的高龄动物，但也有很多动物天生就有慢性病，在它们年轻时就有发病史。我在诊疗过程中经常谈到的话题是“如何让它们度过余生”以及“怎样让它们的日常生活尽可能平静快乐”等。尤其是那些饲养高龄动物的家庭，他们往往会因为很多未知的事情而感到不安，所以我要考虑动物和其所在家庭的情况，思考适合的治疗和护理方案。为了让动物们在最后的时光中感受到足够的温暖，我们会在和动物家属保持良好沟通的同时推进治疗。

针灸治疗是践行中医（正式名称为中医学）的方法之一。西医将脏器、组织、血液、细胞等身体结构细化分类，然后再进行诊断治疗。与之相对，中医则是将一个生命体看成一个整体，即一个统一的个体。中医认为脏器（五脏六腑）相互影响并保持机体之间的平衡，是整体诊疗的医学。

西医擅长传染病治疗以及手术、急救等，具有立竿见影的效果；而中医则擅长诊断生命体的体质，从根本问题入手，调理身体增强免疫力从而实现标本兼治。

对动物进行的针灸手法和对人的针灸方法差不多，使用针灸刺激相关穴位，疏通穴位所属的经络、调理气血从而达到身心健康的目的。

中医诊断有四诊，即望、闻、问、切。通过望舌色、诊体态等方法来观察身体状况。我通过询问病史、手术史、性格或生活环境等细节，通过以上手段来诊断动物的状态，判断需要针灸哪些穴位。

说到这里，很多人会觉得不可思议，会想“猫狗难道不讨厌被针灸吗”。大家可以去动物医院的照片墙（Instagram）上看看动物们做针灸时的样子，它们脸上那舒服的表情一定会让你意想不到。

迄今为止，本院为动物进行针灸治疗已超过7000例，很少有动物因为讨厌针灸而逃脱或者慌张大叫的情况。当然，也有动物对刺激比较敏感，容易紧张，不喜欢被人触碰等，这就需要我们细心周到的照顾和调整，动物们在适应后一般都能安安静静地接受治疗。

它们一旦知道针灸是舒服的，甚至会自己主动走进针灸室，还有很多动物会闭上眼睛打鼾睡觉，连饲养动物的主人都会感到惊讶：“真不敢相信我家的动物竟然会是这么一副享受的模样！”

有时候针灸会给动物们的身体带来奇迹般的改善，比如从全身麻木的状态恢复到能走路，让它们从被认为已经不行的状态中恢复过来。但我认为最重要的是通过针灸与身体进行对话，告诉身体如何快乐安稳地度过每一天，所以我推荐从症状较轻的时候就开始使用针灸。

非同寻常的开业之路

我在进入兽医大学的时候，从未想过有一天自己会经营一家动物医院。然而，就在那时我开始跟爱犬维尔一起生活，它是一条体重超过 50 千克的伯尔尼兹山地犬，因为它，我心中萌生了一些想法。

每天看着维尔我都会想："今后要成为兽医的我能为它做些什么呢？"经过反复思考，我觉得光靠大学里学的西医知识还不够，所以我决定要再去学习中医知识。至于为什么会选择这条路，可能和我从小体质差，容易生病，经常接受中医推拿和治疗有关。大学期间我参加了校外各种各样的研讨会，但都没有遇到让我感叹"啊！就是这个！"的直击心灵的东西。

就在那时，我遇到了致力于对人和动物进行针灸治疗的三崎动物医院的院长西依三树医生，其高超的医术和出色的治疗效果让我印象深刻。也许是看到了我求知若渴的眼神，我有幸得到了西依医生的亲授，学习了中医学中最重要的基础知识。

之后，我又参加了中医研修会"香港联合中医药学院日本校友师分会”，在学习最忙碌的大学五年级，我在拼命地学习大学里学不到的东西。

毕业后，为了积累西医基础知识，我在一家从事一般诊疗服务的动物医院里工作，每天都很忙。同时，我一边工作一边读书，在兽医中医学的专业院校——日本兽医中医药学院上了三年课。在这个过程中，我想花费更多时间为上了年纪和患上疑难杂症的动物们进行针灸的心情愈发强烈了。

另外，我始终无法适应要求速度的动物医院的工作，没有办法像周围的同事一样工作，这让我对自己失去了信心。这样的我还能继续学习中医吗？是不是辞去兽医的工作比较好呢？我就这样左思右想，陷入了找不到出口的黑暗中，不知如何是好。

直到某一天，我的内心深处突然响起一个声音，它对我说：“你真的要放弃自己描绘的蓝图——成为治愈动物的兽医了吗？这样好吗？”于是，抱着不能半途而废的心态，我决定重新出发。不管结果如何，总之我要试试看。

但是，想要独立开办一家动物医院并非易事。银行不会轻易提供贷款，我经常被融资机构冷眼相待：“呵呵，二十几岁的女孩子想开动物医院？”

想尽办法获得融资后，我又遭到了同行们的嘲讽：“光靠动物针灸能够生存下去吗？”“你能还上贷款吗？”

站在旁观者的角度来看，一定会觉得我这样做风险很大吧。可是我相信自己心中生出的那一束光，我要追光前行，因此我才走到了现在，才能迎来这么多动物。从那个时候的经历中我真切地体会到，任何事情都可以通过自己的意愿和行动来实现。

从新生命和母亲的死亡中学到的东西

开业后的 6 年里，有两个宝贵的新生命诞生了，另外两个生命则踏上了去往另一个世界的旅程。前者是我的两个女儿，后者是我最爱的母亲和指引我立志走上中医学之路的爱犬维尔。

在开业前的准备期，我有一段时间因为妊娠反应而行动不便，开业后我也曾在为动物看病的间隙跑去洗手间呕吐，吐完了回去再继续诊疗。

怀大女儿和二女儿的时候，我一直工作到了生产的前一天。我说这些，并不是要彰显自己有多努力。我也曾纠结过生孩子后要不要多休息一下，但是出于经济方面的考虑，最终我还是没有休息。

产后一个月我就回到了工作岗位。两个孩子都是从很小开始就送到了托儿所照顾。也有人对我说："孩子这么小就被送到托儿所，好可怜啊。"但是，每个人都有不得不与"以前都是 ××""我们那个年代都是 ××""谁都不会这样做"等既定观念和所谓的常识进行抗争的时候。

现在，我已经可以毫不犹豫地做出选择了。在我看来，正因为没有人这样做，所以自己试着去做就好了。而且，世间没有白费的辛苦。我真切地感受到，养育孩子的经验对观察动物的状态和体恤动物家属的心情都很有帮助。比如，因为喂母乳导致睡眠不足，这难免会让我产生负能量，觉得孩子一点儿都不可爱。因为有这样的体验，所以我可以对动物家属因为“照顾高龄小狗导致睡眠不足，大声呵斥爱犬而陷入自我厌恶的心情”感同身受。

孩子发烧家长会非常担心，动物家属也是如此，我也很理解他们经常跑医院的艰辛。此外，如果你很在意动物们的成长，就能理解每个动物其实都不一样。

另外，对我的人生帮助最大、最重要的母亲也离开了我。女儿们出生后，无论何时何地母亲都会积极主动地帮忙，我们也真的很依赖她。

我开始喜欢动物也是受了母亲的影响。母亲性格开朗，什么事都能做好。她喜欢和朋友们一起做运动，是一个充满活力的人。这样精力充沛的母亲在一次运动的时候晕倒后被紧急送往医院，在医院昏迷了 4 天后，她握着我的手去了另一个世界。她晕倒的几个小时前我们还在一起，她表扬女儿的学业有进步，说：“学得越来越好了呢！明天见！”我们像往常一样道别，哪知这一别竟是永远。

我在方方面面都非常依赖母亲，她的突然离世让我不得不开始重新思考今后的安排。在挑选母亲葬礼用的遗像的同时，我的大脑也在超速运转，思考今后该如何兼顾育儿和工作。只是当时新冠疫情肆虐，很多事情都无法预测。

那时，我的脑海里浮现出了一个埋藏已久的想法——买房子搬家。当时我想“也许现在就是最好的时机”，被这样的想法驱使，我去咨询了几个月前就开始留意的一套位于女儿托儿所附近的二手房。

申请了购房贷款后，我又跑了好几趟银行，还没来得及消沉就忙起来了。好像在天上的母亲和维尔，还有迄今为止我送走的动物们都在为我打气，母亲去世后的满月日，银行的贷款发放下来了。

如果我一直沉浸在母亲去世的悲伤和痛苦中，就不能像现在这样工作了。母亲的葬礼还未结束我就去咨询房产事宜，这在大众看来可能是极其不合常理的事。但是，发生重大变故时，我会时刻思考这段经历过后自己该何去何从。对我来说，母亲的离世就像是上天对我的考验，它在看我今后会怎么做。我该如何解答这道没有答案的问题呢?

对此，我给出了自己的答案——好好经营动物医院，创造一个能够让更多动物前来就诊的环境。

理想的未来始于觉悟和决断

我本来就不是乐天派，但我认为自己唯一值得骄傲的就是具有做出决断并付诸行动的内心力量。如果想要在意他人的看法，那么任何周围人的眼光都可以放在心上。如果认为自己这样做不合常理，那么就可能会觉得自己是个荒唐的人。

想要做某件事的时候，我们可以很容易就贬低自己：“反正我也做不成什么大事。”或者表现出完美主义：“这样半途而废的我有什么资格发言呢？”“还是等自己可以做得更好的时候再做吧。”但是，我们可以转换一下思路，告诉自己“这样钻牛角尖的只有自己”，然后打开启动自我的开关，无论结果如何先做了再说。保持谦虚固然重要，但过于谦虚也并非是好事。打开启动自我的开关，感觉就像是在黑暗的房间里按下电灯开关一样。那一瞬间，周围一下子亮了起来，灯光越来越亮，原先看不到的景色也映入眼帘。自己身上有了更多的光之后，也能默默地照亮身边的人。也许我不能散发出太阳和月亮那样可以照亮很多人的光亮，但我想让注视我的人感到温暖，我要将自己身上的光分给他人些许，成为一个可以默默增加他人心中光亮的人。

人们常说“人生是一场旅行”，我也在自己的世界里前行。这是一个任何人都无法批判的世界，在这里，我可以决定自己前进的节奏和方向。只是，我在这个世界里也一定要坚守原则——“做任何事都不能只想着自己，要选择对周遭的人也有帮助的事情”“迷茫的时候要选择让自己兴奋的方向”。我每天都在努力工作，目标是用自己力所能及的方式将人生的主题具象化。

在实现梦想的过程中，为了锻炼身心，我饶有兴致地开始学习“医疗气功”。日本中医学气功振兴会[①]专门培养这方面的专家，我在那里学习到的内容不仅能让自己变得更健康，而且还能让周遭的人也变得更健康。振兴会讲授人体解剖学、药膳、季节养生法等，还会教我们如何配合季节和人体经络来锻炼身体。我在那里学到的东西能马上在诊疗中进行实践，看到动物们在接受诊疗后的反应良好，对此我感到很高兴。

虽然我练习气功的时日尚短，但我认为它确实是我在今后人生中不可或缺的东西。而且它对于人和动物的健康来说无疑也是非常重要的，所以我会把气功继续坚持下去。

一直以来，我被各种各样的际遇和书籍所拯救。这次，我希望自己也能帮助到其他人，所以写下了这篇文章。

最后，我要由衷感谢至今为止我所遇到的所有动物们，以及一直给予我帮助的人。另外，我谨以此书起誓，今后也要继续成长。

① 日本中医学气功振兴会：该协会在传承气功的同时，也试图去解决大众的一些健康问题，特别是希望能对癌症和各种疑难杂症起到一些治疗辅助作用。——译者注

青木志织

你是谁？

我是一名兽医，但这只是我作为一个人的一部分。

我还是两个女儿的母亲，是一名女性，也是生活在这个宇宙中的生命体之一。

我希望通过动物们，通过自己的生活方式，告诉大家生和死都是奇迹。

青山茉由：
认为一切皆有可能的生活咨询师

积累各种各样的经验和体验，找到适合自己的幸福。没必要和他人比较，更不需要社会的评价。

青山茉由

活出自我联合公司（Livemyself）代表

生活顾问 / 金融素养能力教育师 / 创业、副业顾问 / 创业学院讲师 / 社群策划兼运营

1991 年出生于爱知县。2013 年毕业后进入医疗器械制造公司的销售岗位，每天接待客户超过 1000 人，帮助公司实现了年销售额 2 亿日元的目标。24 岁时她接触创业培训学校，开始从事营业代理业。由于业绩突出，3 个月后受到了表彰。她充分发挥自己的口才，26 岁开始做直播，大约半年后创造了直播销售的最高纪录，获得涉谷站展示广告第一名，并获得了涉谷站附近 7 个播放点的同时放映权。之后她开始运营 300 人规模的在线沙龙，合计运营了 7 个在线沙龙。2021 年她参与了在全球范围内开展的社会公益项目的立项企划。现在，她以多种身份广泛活跃在多个领域，包括金融素养教育、为他人提供关于寻找幸福的咨询服务、创业及副业顾问、生活顾问、创业学院讲师、社群策划兼运营等。

青山茉由

日程表

时间	内容
07:00	起床
07:30	查看邮件
08:30	看电影、读书
10:30	收拾、梳妆
12:00	吃午餐
14:00	面谈、开会、工作等
19:00	购物
20:00	吃晚餐
21:00	面谈、在线研讨会、会议
23:30	准备入睡
01:00	睡觉

天性乐观，想要得到一切，但是……

我毕业于一所普通的女子大学，刚毕业进公司就开始了人生中最残酷的修行：一天工作 15 个小时，一周上 6 天班，而且每 3 个月就会出差一次。出差的时候不仅要从早到晚和上司一起行动，如果是同性的话我还要和她同住在一个房间。

工作期间，我们 3 名员工每天要接待 1000 多名客户，时间非常紧张，连吃午饭的时间也没有，上厕所都得跑着去。当时，朋友都说我进了黑心企业，但我天性乐观，尽量调整好心态，发挥主观能动性去享受黑心企业的高强度工作。我认为任何事情都是人的心态问题，刚进入社会就遇到这么残酷的环境，对此我至今仍然心存感激，因为我觉得在经历了这么令人痛苦的事后，后来遇到的事情就都不算什么了。

第二年我就担任了店铺负责人并负责校园招聘工作，如果一直这样下去，我的年收入应该能达到 1000 万 ~ 3000 万日元。但是，在这之后我的自律神经彻底崩溃，身心都到了极限。虽然我一直殚精竭虑地赚钱，但从那时候开始，比起金钱，我更渴望拥有内心的平静。

这件事也成为我思考今后生活方式的契机。当时，我拜访了一位正在创业的朋友，在他的劝说下参加了一个研讨会，在那里听到了触动我内心的一句话：“大家想成功还是想更幸福呢？”人们追求成功是为了获得幸福，但当时我意外地发现，自己并不知道何为幸福，何为成功。之后我被问到“人生只有一次，你到底想怎么过”，那一瞬间我的心颤抖了，从那时起，我决定认真面对自己的人生。

参加完研讨会后，我有了两条座右铭。第一条是“全部要得到”。在我还是公司职员的时候，我相信一个方程式，那就是要想取得重大的成果，就必须要舍弃个人生活。但是现在我知道了，只要不搞错顺序，就可以不用牺牲重要的东西也能得到一切。第二条是“有志者事竟成”。一切困境都是自我设限而已，我们完全可以自由地决定自己要变成什么样子。如果真的能得到一切的话，我希望能够获得伴随着幸福的成功。于是，在想清楚这一点的当天，我向公司提交了辞职信。

说起这件事，很多人都会赞赏我的行动力和决断力，但我之所以采取行动，是为了获得一些启发，好让自己走出困局。确实，很多人不被逼到极限就无法前进。很多时候我们虽然讨厌当下的环境，但由于缺乏勇气而无法付诸行动。这种时候，我建议大家加入由那些勇于挑战的人组成的群体，在日常生活中创造变化。

如果人只有一个容身之处，就会很害怕离开那个环境，但如果还有其他可以接纳自己的地方，这种恐惧感就会减轻。

我们首先要试着成为积极向上的群体中的一员。在这样的环境中，既能学到做人的道理，又能学到商业技能，自己实践过的东西还能获得直接的反馈，可以说这就是最好的环境。重要的是我们要带着自主选择的觉悟加入群体，只要有这样的意识，不论身处怎样恶劣的环境，都可以将接触到的一切转化为学习和成长。只要是为了自己的成长，就没有白费的事情。

我之所以可以保持积极上进，是因为我拥有一起前进的伙伴和良好的环境。没有人是生来强大的，能够完全依靠自己的力量做到自律的人屈指可数。既然如此，不如干脆承认自己的脆弱，敢于依赖环境。

拥有伙伴会给人带来安心感，正因如此，我才能认真地面对人生。有了他们，我什么都可以挑战，做很多事情都不再害怕。得益于这样的环境，我遇到了可以发自内心称之为挚友的人。也多亏了我能够不顾一切地去付出行动，才有了现在的我。

敢为人先，享受进步

现在正在阅读本书的你如果正在思考今后要挑战些什么，我建议你可以体验一下面对面的销售工作。最近有很多可以在线上完成的副业，也有很多自己一个人就能完成的工作。但是，如果你现在二十多岁，那么销售经验一定会对你有帮助。因为真正能够给予你帮助的，毫无疑问一定是“人”。

当时的我不是在拓展人脉就是在做一对一咨询，每天可以接受 6 个人的预约。如果当天没有预约，我就会去参加 10 人以上规模的交流会或者聚会，拓展新的人脉。

庆幸的是，我和这一时期结识的人至今仍有联系。因为彼此都在成长进步，所以互相能接触到的工作和介绍的人脉质量也在提高。因此，比起创业之初，我的工作进展得更加轻松。

另外，结识的人越多，共同好友也会随之增多，我也更容易获得他人的信赖。请大胆地挑战和他人见面这件事，相信有一天你一定会感谢过去的自己。而且，即使掌握了其他高超的技能，也比不上“面对面的能力”。如果你想成为一个成功的个体经营者，就必须和更多的人进行交流。

为此，要认识更多的人，并给对方留下印象。这一点非常重要，因为这些人中与你志同道合的人会为你带来可靠的信息。也就是说，认识的人越多，遇到投缘的人的概率也就越大。

在这个过程中，重要的是不断自我进步，以及持续发出信号，让大家都知道自己的进步。很多人即使互相认识，但还没到能够互能帮助的地步，很多时候我们和这样的人在相处几年后才有机会变得熟络。只要自己在持续进步，就会给人留下“那个人总是在挑战，很有意思”的印象，从而给自己带来信用。持续不断地自我进步才是最重要的，也就是说，我们可以不用死守在一件事情上。

做事情不顺利的人大都不擅长做决断。人这种生物，总是盲目地认为自己的选择是正确的。所以我们不要去想如果现在辞职的话以前的努力是不是都白费了，是不是做错了；还有，一旦决定了的事情就想一条路走到底的执着，以及不做出结果就不想做另一件事的自尊，很多时候会拖我们的后腿。

做决断是一套组合拳，包括做出决定和断舍离这两个行为。很多人能够做出决定，但是没有办法做到断舍离。请你一定要意识到，拥有断舍离的觉悟非常重要。

说起来，我从公司职员、营业代理、网红、实业家到现在，经历了 5 次环境的改变。很多时候我们不要认为自己之前的事情做错了，只是自己需要进入下一个阶段而已。要有持续进步的执着和自尊心，要善于决断。

擅长效仿，擅长参与

虽然创业还算顺利，但我一直为“没有明确优势的自己”而感到焦虑。比如，虽然我能把别人交代的事情做得相对较好，但因为我只花了六成的力气，所以感觉不到自己是在认真做事。

总而言之就是“博而不精，杂而不纯”。但回顾往昔，我的记忆中并没有让自己打从心底感到后悔的事情。这样造成的结果就是，由于没有“一定要做成这样”的强烈意愿，所以我很容易选择放弃，会在无意识中选择“好”而非“最好”。因此我很憧憬成为可以认真做一件事的人，也很羡慕那些能够说出远大理想并得到很多人支持的人。

像我这种类型的人，比起那些经历过极度贫困的生活，或者有过寻死等极端经历的人，自律的难度要高得多。但是，正因为是这样的我，才会在多年的挑战中得出答案，那就是“‘博而不精，杂而不纯’的突破口就是变得‘擅长效仿，擅长参与’”。

暂时放弃完全靠自己从零开始的想法吧！相反，请竭尽全力融入团队，助力那些高举远大理想的人实现梦想。这样一来，你就会有超越自身实力范围的机会找上门来，自己能够胜任的事情也会随之增多，眼界也会拓宽。而且，融入团队还可以有机会获得单凭自己无法获得的人脉。在接触这些经历、人脉和新世界的过程中，你会找到自己想要的生活方式。在那一天到来之前，请安心享受自己的成长。

最近，找我咨询人生问题的年轻人越来越多，他们都想改变人生，但很多人都认为如果没有明确自己要做的事就无法改变人生。事实上，我们没有必要去寻找自己的优势和想做的事，因为自己想做的事并不一定能适应时代和市场。尤其是想要创业的年轻一代，他们还不具备洞察市场的先见之明，所以从某种意义上讲，不要盲目地相信自己才是正确的选择。

如果你想为了改变人生而开始做些什么，那么首先请从认真帮助你尊敬的人开始，全力协助对方的事业，这样就可以了。这就是我所说的“擅长效仿，擅长参与”。

你现在应该做的是努力成为能够融入团队的人才。另外，我还有一个绝招，能够帮助你更快实现自己真正追求的人生，那就是“即刻把梦想付诸行动”。比如很多人都有出国旅行的梦想，但他们会想着在某件事上取得了成功之后再去实现它，但是正确的做法恰好相反。

现在只要上了大学，大多数人都有一两张信用卡吧？而且现在即使没有全款旅行的资金也可以分期支付，这样的话马上就能出国了。既然如此，为什么不现在就去做呢？因为你可能已经被洗脑了，认可了要在成功之后再把圆梦作为给自己的奖励。请注意，这种想法会在无意间提高你实现梦想的门槛。

为此，将梦想变为现实的成功体验是必要的。实际上，我的年末年初也是在海外旅行中度过的，我也去吃了3万日元一顿的午餐，住了1晚住宿费将近10万日元的高级酒店。

实现了花钱就能解决的梦想后，我对这样的消费水平不再抱有违和感。同时，我的个人形象得到了提升，接触到的人脉层次和获取的信息水平也都有所提升。

人一旦知道梦想可以实现，就会更想要去做更多事情。这样一个一个地实现梦想后，新的梦想也会不断涌现，通过这样的反复，你就能更快地找到并实现自己真正追求的人生。

我还想告诉大家的一点是“要认识到对自己实力的错觉”。和有影响力的人在一起，会有超越自己实力的东西降临。这种时候最重要的是你是否理解“这不是因为你的自身实力足够强，而是因为有人给了你机会，你才有了立足之地”。

“当你对某事感到不满和不安时，更应该反思一下是什么让你成为现在的自己，进而养成习惯，去想一下那些有影响力的人所做的事情。”这是我 29 岁时写下的话。我在二十多岁的时候就有写书的梦想，如今这个梦想已经实现了。

创业至今已经 5 年了，我一直认为充实的工作就是幸福，但就在我即将迈入 30 岁之际，发生了一件大事。那是我在世界范围内开展一个重大项目时发生的事。如果按照原计划推进，我一定会成为世人公认的成功人士。但是，如果让我为了自己不想要的东西而拼命努力，我觉得这样违背了自己的真心，所以决定放弃这一切。

一直以来，我都在寻找自己缺少的东西。可是我发现，我已经拥有了足够多的为了让自己变得幸福所需要的东西。那一刻我意识到，“2”字头年纪的最后阶段，我所得到的课题是“珍视自我”。想明白这一点后，我好像摆脱了某种诅咒一样，心情轻松了很多，当下是我人生中最能感受到为自己而活的时候。

获得成功的秘诀是不断和自己对话，明确自己到底想怎么活，而不是要做什么。此外，请务必掌握把自己的想法转化为语言的能力。为此，请不要忽视内心的违和感，要抓住它，因为保持敏感也是非常重要的。

总而言之，诚实地生活是获得伴随着幸福的成功之捷径。再者，请对自己负责，努力让自己的选择成为正确答案。为了能够挺起胸膛说出自己的幸福是什么，请努力去体验各种各样的事情，去了解自我。

最后，在你实在很迷茫的时候，请倾听自己内心的声音，问

问自己："我到底想怎么做？"

你是谁？

*

我是一个认为一切皆有可能的自由的人。因为不喜欢待在同一个地方，所以我每个月会去旅行2~3次，有时候还会在早上起来后突然决定出远门。总之，我是一个所思所想不受限制的自由的人。

我认为和我有关的只有自己喜欢的人，虽然我是自由的人，但在这一点上却是黑白分明。无论是客户、商业伙伴还是私下的人际关系，我都会全力支持自己认可的人，想和对方一起变得更好，与之构筑起战友般的关系，成为贯穿整个人生的伙伴。

*

赤星麻里：活跃在世界舞台的化妆师

经营者不需要成为百分之百完美的人，而是要和大家一起齐心协力打造出百分之百的公司。不要在意职业和年龄，充分发挥彼此的长处，这才是“同舟共济”。

赤星麻里

朝圣者股份有限公司（Pilgrim）董事长、日本婚庆化妆协会代表理事

1975 年出生于爱知县。26 岁时成为独立婚礼化妆师，两年后成立了美妆工作室，并于当年结婚。广泛活跃在广告摄影、电视广告、杂志、展会等妆造以及婚庆化妆等领域。至今为止，她除了为时装杂志和蒂凡尼主办的婚纱秀担任化妆师，作为日本团队的工作人员参加米兰、巴黎、纽约时装周外，还担任过日本国内外多位艺人、女演员、模特等的化妆师。她现在以名古屋为总部开设了多个化妆机构，在日本的 10 个工作室从事婚庆化妆工作。与此同时，她也致力于培养专业美容人才，担任短期大学的客座讲师以及面向企业的化妆培训讲师等职务。她注重个性，时刻关注日本的婚礼发展和流行趋势，用心打造妆容，让客户在婚礼纪念日时忍不住想反复翻看婚礼相册。

日程表

时间	内容
05:30	起床（做便当、做早饭、洗衣服、打扫卫生等）
08:00	在家喝咖啡，梳妆打扮
09:00	在公司附近的咖啡馆办公
10:00	到公司上班，参加公司内部会议
13:00	排练妆造
16:00	参加视频会议
17:30	下班，购买晚饭食材
18:00	回家，准备晚餐
19:00	吃晚餐，小酌
22:00	事务性工作
23:00	洗澡
23:30	睡觉

20 多岁时立志成为化妆师

中学时代我喜欢一边阅读时尚杂志一边描绘未来蓝图，比如“我喜欢时尚”“想找一份时髦的工作”等。话虽如此，我却一直没有找到关于未来职业的具体目标。直到有一天，一则报道吸引了我的目光。那篇报道的内容是有关时尚杂志化妆师工作的，它成为推动我迈入职业生涯的第一步。在那之后，我不顾父母的反对去了专门的化妆学校学习，一边上学一边想着能不能找个地方做兼职。

但是，当时是还没有网络的时代，我照着电话本挨个给写着“造型沙龙”字样的店铺打电话，但是对方的回复清一色都是：“不好意思，我家只是普通的理发店，所以……”我当时感到绝望，难道名古屋就没有包含摄影的造型事务所吗？

就在此时，反对我当化妆师的父亲劝说我去参加一家广告代理公司的面试，我虽然不情愿但还是去了。看到明显对这份工作不感兴趣的我，面试官问：“你到底想做什么呢？”于是，我坦诚地说出了自己想当化妆师但遭到父亲反对的事。

想必面试官也很吃惊吧，但是心地善良的面试官竟然表示要给我介绍后来成为我师父的化妆师，那一刻我感觉一束光照进了心里，让我暗沉沉的内心瞬间绽放出了光彩。我马上给对方打电话约见面，我本能地感觉到机不可失，于是擅自决定要拜对方为师。然后，我在忐忑的心情中见到了师父，她向我发出邀请，问我：“下周的拍摄你要不要来？”那一刻，我下定决心要成为一名化妆师。

之后，我很幸运地开始做化妆师助理，但现实并没有那么乐观。当时行业的整体风气都比较严苛，没有人会耐心地慢慢教我技术，我只能靠自己来观摩学习。尽管如此，拍摄现场都是很有意思的，最重要的是我可以接触到妆造设计，这让我很开心。虽然也有痛苦的事情，但我也能咬紧牙关坚持下去，回过头来看，那是一段非常充实的时光。

几年后发生了很多事情，我考虑再三后向师父提出了辞职。我对于曾经那么想从事的化妆师工作突然热情减退，想着自己才26岁，索性就辞职了。

话虽如此，我也没有其他想做的事，每天都在想，难道我就只能做化妆师助理吗？就在我对未来失去目标时，有人在背后推了我一把。我那颗消极的心又被点燃了，突然不可思议地萌生出了重新成为化妆师的勇气，但这一次我决定不再做别人的助理。这是我第一次因为别人的建议而改变自己。

以此为契机，我开始了自由化妆师的工作。我开始更积极地从事化妆工作，工作范围比之前更广，也接到了很多工作邀约，甚至没有时间休息。这样的环境让我很兴奋，我过着前所未有的快乐日子。

回首往事，我再次意识到，自己能在短暂离开工作岗位后又重新从事喜欢的工作，都要感谢师父传授给我的经验、技术以及一点点积累起来的客户对我的信任。

之后，我结婚并怀了女儿，因为要休产假所以我决定招聘员工。我请了两名化妆师、1 名助理，加上我一共 4 人，我们开始经营美妆化妆工作室。

两年后，也就是我 30 岁的时候，我将美妆化妆工作室法人化，并于 32 岁生下大儿子，35 岁生下小儿子。那个时候我已经开了 3 家分店，还开办了美容院，请了 10 名员工，同时也和更多的自由化妆师展开合作。

有一天，我受邀参加婚礼，但是没有找到给儿子穿的满意的正装，这让我很困扰，因此决定自己动手。于是，在对服装和产品销售一无所知的情况下，我存下了一笔钱作为周转资金，开始学习服装行业的相关知识。

4 个月后，我创办了男童正装品牌“二对二”（Two to Two），并开始在网上售卖。一开始我们从海外采购成衣，后来为了制作出适合日本男孩子体形的帅气西装，我开始制作原创西装。1 年后，我与海外缝纫工厂签订了合同，开始销售原创西装和衬衫。

我让儿子做拍摄服装的模特，而我来负责他的穿搭。我也拓展了好几个新的服装品类，新品的拍摄过程非常愉快，同时这也是我与儿子一起度过的宝贵时光。

后来，儿子到了 12 岁，不再适合穿儿童服装了，所以我启用了儿童模特。但不知道为什么，我对开店的热情一下子就被浇灭了，虽然当时的业绩很好，但我还是在开店8年后选择了关店。

虽然我认为做出这个决定也是需要勇气的，但我已经有了类似的经验，“热情冷却后就辞职”的经历让我可以不在意周围人的眼光。

我生了3个孩子，每次都是在产后一个月就马上回归工作。我的口号是“做自己想做的事！这是我的人生！”，我会勇敢面对任何挑战，虽然很忙碌，但我每天都过得非常充实。

但是，这样下去可以吗？

35岁之后，我会有一些感到不安的时刻，会突然想“我的人生到了40岁会是怎样的呢”。之所以这么说，是因为我虽然很努力，但业绩却没有如预期那样实现增长，紧张的情绪充斥着我，我开始觉得一切都不如意。

30多岁的时候我只顾眼前的事情，每天忙着工作、培养员工、照顾孩子。不知从什么时候开始，我的心变得疲惫不堪，感觉自己好像始终披着一层铠甲一样，无法放松。

那些日子，为了赶着去上班，我背对着正在玄关哭闹的孩子，狠下心关上门的那一瞬间不停地说“对不起”。为此，我对孩子们感到十分愧疚。

因为想让员工们都成为优秀的技术人员，所以我不自觉地就会对他们严厉起来。另外，我还会把自己的想法强加给家人，告诉他们现在是我最需要奋斗的年纪，强迫他们理解我。一直以来，我只是单方面地向周围人输出自己认为正确的价值观，但说到底，这些都只是我自己的价值观而已。

但是，一旦有了“总感觉哪里不对劲，这样下去是不行的”的想法，我就会马上觉得“啊，我不能忍了，全部都不想做了，但是又不得不做”，所以每天都过得很拧巴。即便如此，我在做化妆工作的时候还是会不可思议地忘记这一切。只是当工作结束后又会被打回原形，我会再次陷入纠结。我甚至想过要解散公司自己一个人单干，但因为不知道这个选择是否明智，所以没有勇气做决定。

为了不让周围的人察觉我的情绪，我总是故作坚强。有一天，我终于绷不住了，开始向身边的人诉苦。但是他们只会跟我说：“这不是很顺利嘛！”我心里很郁闷，觉得其实一切都不顺利。

就在那时候，我的业绩也开始走下坡路。我开始自我攻击，认为自己没有能力一边照顾孩子一边工作。不仅如此，我还会埋怨周围的人什么都不懂。

就在这时，转机出现了。一直以来，我都是按照自己的方式在经营公司，这次我想认真学习一下公司经营方面的知识。于是我抱着以下三个目的去了经营培训班。

（1）重新审视自己

我很偶然地成为经营者，偶然地成为母亲，我想知道自己到底是谁。

（2）树立自己的经营理念

虽然我知道团结员工需要树立经营理念，但我对此并没有什么想法。

（3）寻找志同道合的伙伴

我想找到立场相同且无话不谈的伙伴。

三年后，我确定了自己作为经营者的使命，制定了经营理念和事业计划。然而，我在经营培训班最大的发现是“我没有活出自己的人生”。不知道从什么时候开始，我总是想着“为了某某”，从而活在他人的人生中。另外，在培训班里，我重新认识到了时间并不是无限的。

之后，我将十年来的自我风格全部重置，依次改变了企业的经营方针、员工培训方法、公司内部的组织架构等各方面的内容。另外，我还在培训班里结识了新的同为经营者的朋友，从他们那里得到的启发和建议也成为我的宝贵财富。

为了家人，为了孩子，为了员工，更为了自己。这四部分的比重加起来不是40%，而是100%，这样想就好了。不要一个人扮演好几种角色，只要把百分之百的精力投入眼前的时间就可以了。不要去想自己应该做什么事情，只需要考虑如何度过当下的时间即可。

让我感到束缚的责任感和消极的想法都神奇地消失了，等我回过神来，发现自己已经脱下了铠甲，恢复了原本愉悦的心情。

以前我会觉得夸奖自己是很不好意思的事，但我现在发现，夸自己可以让心情变得轻松，也会让自己变得更坦诚。

善待了自己，就更有能力善待周围的人。就这样，随着我心境的改变，公司的业绩也日渐回升，家人和周围的环境也发生了变化。然后，39 岁的时候我做了一个迈向人生新阶段的决定，那就是选择壮大事业。

同舟共济

决定壮大事业后，我做的第一件事就是增加伙伴（员工）。所谓伙伴，就是在同一条船上一起划桨的人。明确了目标岛屿后，无论是狂风暴雨还是风平浪静，伙伴之间都能互相帮助，朝着目标共同前进。

婚礼化妆行业是女性从业意向较高的行业。而且，有很多女性以结婚生子为契机转变了工作方式。最近，很多同行公司都在裁员，或将工作外包给自由职业者。加之没有可以从事新人培训方面的人才，所以招聘应届毕业生的化妆工作室也越来越少。

的确，我也可以将工作外包给技术熟练的自由职业者，以此来壮大事业。但是，我一想到这里，兴奋的感觉就瞬间消失了。因为我有强烈的意愿，想要和员工们一起划桨，大家共同朝着目标前进。

我想象了一种不同以往的招聘思维。那就是广纳贤才，和各种不同性格的人成为能够互相切磋、共同进步的伙伴。随着招聘形势的变化，我也重新构建了新的人才培养体系，决定每年继续招聘应届毕业生。

最重要的是公司拥有百分之百值得信任的经营管理层，要找到这样的人才并不容易。我也考虑过寻找其他行业的人，但始终没有找到。就在这时，一位在同行业其他公司担任高管且与我认识了 15 年的朋友向我伸出了双手。

这真是太幸运了。我很了解她的为人，又因为同是化妆师，所以也能理解彼此在工作上的想法。尽管如此，我们还是在她入职前几个月花时间就工作愿景和扩大事业版图等内容进行了深入交流。

“意见不同或发生冲突也没关系，因为我们的工作目的是一致的。”达成这样的共识后，我更确定她是不用客套而且可以坦诚共事的伙伴，于是聘请她做公司的总经理。另外，我的一位前婚礼策划师朋友也加入了团队，负责在化妆师、策划师和客户之间协调沟通。

贴心的左膀右臂进了公司，还有现有的可靠员工、被寄予厚望的应届毕业生，再加上拥有婚庆行业经验的员工，万事俱备，Pilgrim 号就这样驶出港口，扬帆起航。

在可以传达思想的地方培养人才

大家普遍认为婚庆化妆行业最重要的是提高员工的技术和知

识，我们公司会通过培训课程和承担婚礼当天的助理工作来让员工学习技术和知识，目的在于利用课程和实操演练为大家创造一个能够自然而然地学习技术的环境。

我们公司会以比较紧凑的节奏来培养员工，按照我们的速度，他们大概一年后就能成为化妆师。但是，我认为除了技术，身为化妆师最重要的是“人间力”。所谓人间力，是指当有什么事情发生时，能够根据管理理念和行动指南来思考“为了什么，为了谁”，并且合理解决问题的能力。有了这种解决问题的经验后，员工对事物的判断基准会与公司保持一致，他们个人的人间力也会得到成长。

另外，我们还制定了关于婚礼当天的各项规定，比如为新人提供咨询服务等。当然，正因为化妆师要随时在新人身边跟妆，所以我们制定这些规则是为了更好地帮助新人。但实际上，这样做也是为了让员工能够遵守规则，按照要求工作。这是我们独有的规定，新人和员工看待它的角度也有所不同。在这之前，基于“创造舒适的工作环境”的理念，对于大家在会议中提出的任何意见或建议，我们都会马上采取行动来进行协调。

让员工拥有目标也很重要。我喜欢让人兴奋的事情，对事物的评判标准也都基于这一点。我制定的远大目标是“兴奋＝梦想，员工的梦想＝我的梦想”，我每年都在朝着这个目标努力。当然，也有失败的时候，员工会对我提出意见或建议，对此我深表感谢，我会始终保持着被员工监督的意识。

赤星麻里

距我决定活出自己的人生，决心壮大自己的事业，已经过去了 7 年。俗话说人只能靠人来磨炼，我个人的成长就是员工的成长，也是公司的成长。我很感谢这个能让我们共同成长的环境。

几年后我就五十多岁了，但我对此没有任何消极的想法，我对和四十多岁不一样的人生依旧充满了期待。

我每天都被优秀的人包围着，感受着能快乐工作的幸福。现在，我们也还在旅途中。在茫茫大海中，尽管被风吹雨淋，但大家仍在一起乘风破浪，划桨前行。

你是谁？

*

我喜欢兴奋的感觉。我是一个充满活力的化妆师，这份工作让我见证了很多让自己绽放笑容的瞬间。这是我的快乐，也是这份工作的妙趣所在。

现在，女性可以体验到各种各样的美，她们也因此而变得更加生动、活泼、积极、向上。我会继续创造这样的环境。

另外，我还将致力于培养化妆师，提高行业水平，使之成为一个让更多人感到兴奋的行业。为此，我将继续让自己保持兴奋，并让周围的人感到兴奋，成为一个充满能量的女性。这就是我。

*

井土利惠：从药剂师到汉方医

即使是好不容易才实现的梦想，如果觉得哪里不对劲，也果断放手吧。

什么时候开始都不晚。没有任何一件事是徒劳的。

井土利惠

针灸沙龙企业代表

药剂师／针灸师／瑜伽教练

1985年出生于岐阜县。她虽然实现了从小的梦想，在配药房当药剂师，但因为感受到了理想与现实的落差，转而到中药房当药剂师。她被不拘泥于症状，而对人进行整体诊疗的汉方医学所吸引，为了学习相关知识去了针灸专门学校学习，并在怀孕生子后考取了国家针灸师资格。目前，她在爱知县的家中开办了一家专为女性服务的针灸院，为女性的健康美丽提供全面支持。同时，她还拥有药剂师、针灸师和瑜伽教练的资格证书，并担任相关研讨会的讲师。她曾获得“美丽日本”大赛东海大会的冠军，该大会旨在发掘可以在社会中发挥积极作用的女性。此外，她还是两个儿子（分别为3岁和5岁）的母亲。

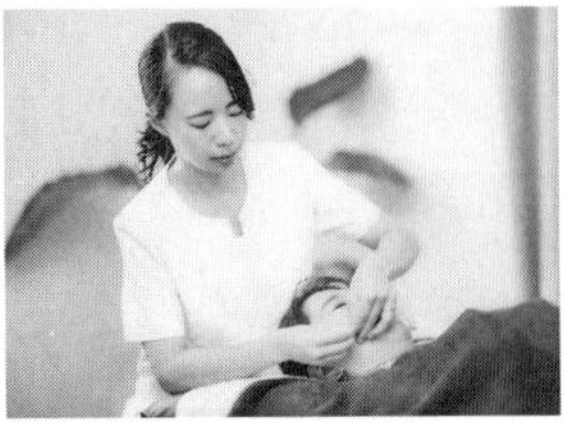

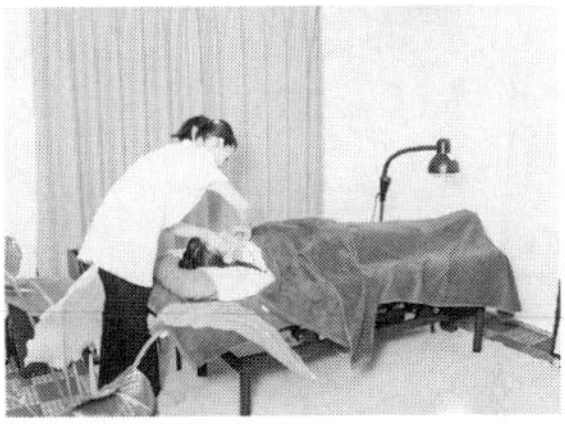

日程表

时间	内容
05:30	起床、个人时间（瑜伽、工作）
07:00	孩子起床、帮孩子做好去幼儿园的准备
08:30	送孩子上幼儿园、打扫针灸院、准备开门
09:00	开始为客人做针灸；利用间隙时间参加视频会议等其他工作
15:00	孩子回家
17:00	结束针灸；亲子时间、准备晚餐
19:00	丈夫回家；吃晚餐、洗澡、家庭时间
22:30	睡觉

小学时每年都有的评语

“要有自信。”在我上小学的时候，这句话每年都会出现在我的评价表上，即使换了班主任也是如此。二十多年过去了，对此我仍然记忆犹新。

不光是评价表，在恳谈会上我也常会被这么说，可见我在周围人看来是一个多么没有自信的孩子啊。的确，我没有自信，我也不知道自己为什么会这样。而且不可否认，我很讨厌这样的自己。

例如，在课堂上老师提问时，同学们都会纷纷举手说：“我会，我会。”但是我却不敢举手，因为害怕答错。事实上，即使答错了老师也不会生气，所以很多孩子答错了也不觉得有什么。老师也会鼓励我们说：“答案不是唯一的，大家可以自信地说出自己的想法。”即便如此，我还是无法举起小手。

我本来就怕生、腼腆，害怕被人关注，哪怕只是一瞬间。不过，虽然我看起来是个柔柔弱弱的女孩子，但内心却想成为一个自信满满、大大方方、闪闪发光的人。我很向往那些出现在任何场合都会让人眼前一亮，能够自然而然地吸引他人，成为团体中心的人。

我强烈希望改变自己，与此同时我发现了一件事，那就是我会试图模仿自己向往的人。所以我会模仿班上那个我向往的女孩子经常做的事情，例如一边挥手一边和人打招呼，或者模仿她的语言习惯等。

当然，一开始我也会觉得很不好意思，会心跳加速，心想“周围的人会不会发现我在模仿她”，但出乎意料的是，周围的人都会给我很好的回应和反馈。当这一切都自然而然地发生时，我发现自己慢慢地有了自信，开始适应新的自己。那一刻，我离想成为的自己更近了一步。

一开始我只是单纯地模仿，但不知不觉间我在其中加入了自己的个性，这让我切身感受到一个全新的自己诞生了。说到模仿他人，可能大家会感觉这种做法不是很好。但是如果你想稍微改变一下现在的自己，那么模仿那些优秀的人的思维模式和行为习惯，是任何人都能做到的简单方法。

实际上，我现在也会把自己认为很厉害的人的思维模式和行为习惯融入自己的生活中，并且我很清楚地知道，这样可以让我加速改变自己。

想要做出改变或者突破自我的时候，任何人都需要勇气和能量。但是，想象一下自己想要成为的人，想着自己会慢慢接近心中的理想状态，你是不是会变得很兴奋呢?

当我们改变自己的行为时，内心也会自然而然地发生变化。而这些变化不断累积，人就会慢慢靠近理想中的自己。我从小学就开始慢慢积累这些小小的成功经验，逐渐培养起了自信。

实现梦想之后

我之所以梦想成为一名药剂师，是因为 7 岁的时候看了一部吉卜力公司出品的电影《魔女宅急便》。当我看到主人公琪琪的母亲用魔法制作药物的样子，我也想变成那样。

初中时，我得知琪琪母亲的职业和药剂师很接近，于是便匆忙更改了志愿学校，进入了县内顶尖的理科升学后备校。班上有很多非常聪明的同学，为了保住名次，我只得拼命学习。

之后，我进入了心仪的药科大学。我本想一个人在京都享受大学生活，但现实并没有那么乐观。我不仅要掌握更多的专业知识，甚至有时候还会在全国考试前被不安和压力压得喘不过气来。但是，成为药剂师的梦想让我变得更加坚强。只有在抱着这种强烈意愿的时候，我才能超常发挥。之后我顺利通过了国家药剂师考试，并在 22 岁那年成为一名药剂师。

然而，我真正的辛苦正是从这里开始的。从事药剂师工作一两年后，我开始体会到理想和现实之间的差距。我每天只是按照医生的处方开药，像流水线工人一样完成自己的工作。从法律上讲，这是药剂师才能做的工作，但是，我在心里嘀咕“这不是谁都能做吗”。

虽说如此，我每周休息两天半，不加班，人际关系也很和谐，工资也不错，这已经是很奢侈的工作环境了。虽然感受不到工作的价值，但我能理解，工作就是这样。

几年后的某一天，我的目光停留在了一份病历上。那是一位患者的病历，多年来他一直服用同一种药，但症状并没有改善。我知道有些疗法并不直接针对症状，所以处方本身并没有什么奇怪的地方。因此当我看到那份病历的时候，没有产生任何疑问，也没有任何感觉，只是继续按照医生的吩咐开药。

我发现自己只是在开药，并没有（真正意义上）看到眼前的患者，我开始重新思考所谓的工作价值，问自己“我真正想做的是什么”。一旦有了这种意识，我就会不可思议地收到一些需要的信息。也正是在那个时候，我了解了汉方医学①并对其产生了浓厚的兴趣。为了以药剂师的身份从事汉方医学的一线工作，我转而成为汉方药店的药剂师，之后我更是成为能够直接上手操作的针灸师。

当药剂师的那几年，我假装忽略了自己的感受。现在想来，正因为有了做药剂师的经历，我才重新开始思考自己想做的事，找到了让我觉得更有意义的工作；正因为从普通药剂师转为汉方医学药剂师，我才知道了针灸师这个职业；正因为有药剂师资格，我才可以一边工作一边去读针灸专业的专门学校。这么一想，自己看似绕了远路，但其实可能是走了捷径。而且，我的药剂师方面的知识和经验也绝对不会白费。无论什么样的经验，只

① 汉方医学：日本的汉方医学主要是在中医的基础上发展而来的，治疗方法以草药为主，也包括传统的中医治疗手段，如针灸、按摩等。——编者注

要心态好，运用得当，都可能成为自己不可替代的财富。

现在，我很喜欢针灸师这份可以与眼前的客户直接接触的工作，并为此感到自豪。我再次意识到，正是因为自己有了药剂师的经验，我现在才能每天体会到充实感。充实感是滋养我们心灵的要素之一。就像我一样，哪怕是几十年来一直怀抱并已经实现的梦想，也没有必要始终紧紧抓住不放。

虽然是好不容易才实现的梦想，但如果你总觉得哪里不对，那么请不要忽视自己小小的心声，诚实地面对它吧。这样的话，我们每天一定会过得更快乐。

梦想不是用来看的，而是用来实现的

被问到“你有梦想吗”时，有的人不能立刻回答这个问题，尤其是女性。她们一旦考虑到怀孕生产，或者经历过怀孕生产，就很容易在不知不觉中关上梦想的窗户。但是，梦想不一定都是宏大的。比如，“想穿着那双细跟鞋潇洒地走路”也是很了不起的梦想。如果你想穿细跟鞋，那么请先买一双细跟鞋，这样的行动才是实现梦想的第一步。

就像这样收集小梦想并采取行动，哪怕只前进了一小步，积累起来最终也能实现大梦想。另外，如果你搞不清自己有什么小梦想，甚至根本没有梦想，那么你不妨试着从调节身体开始。

听到我这么讲，你可能会想“梦想和身体有关系吗”？事实上，二者有很大的关系。我作为针灸师，在与客户接触的过程中发现了一个规律，那就是“身体调节好了，就可以谈论梦想了”。

曾经有一位客户说过：“保养好了身体，就会懂得爱惜自己，也会自然地充满感恩之心，莫名变得愉悦起来。我也因此找到了自己想做的事。”刚开始这位客户并没有什么特别想做的事，现在她正在努力考取色彩治疗师的资格证。

汉方医学中有“身心合一”的说法，意思是说，身体和心灵是紧密联系在一起的，调节好了身体，心灵也会变得积极、柔软。也就是说，为了拥有梦想需要调节好身体，为了创造追求梦想的能量也需要调节好身体。这样内心才会得到满足，从而充满干劲。

在校期间我经历了怀孕生子，并最终实现了成为针灸师的梦想。我没有选择休学，而是一边带孩子一边继续学业。那段时间非常不容易，我经常睡眠不足，疲惫不堪，又要带孩子又要上学，第一次面对这种情况的我手忙脚乱。在这种情况下，调节身体是必不可少的。

如果你感到疲惫，就果断休息，做伸展运动以及深呼吸。有很多方法可以调节身体，如果你觉得自己没有梦想，那就先腾出时间来照顾身体吧。尤其是女性，经常会因为家务和育儿而把自己的事情推后。但是，能够把你放在第一位的只有你自己。毫无疑问，你的人生也只属于自己。

调节好身体，心怀梦想，自然就会产生能量，帮助你克服痛苦。要相信梦想一定会让你成长得更坚强、更美丽。

可以自己设计工作方式

我想有很多女性会因为怀孕生产而改变自己的职业生涯，我就是其中之一。我们既想珍惜和孩子在一起的时间，又想尽情地工作，这是情理之中的事。我的第二个孩子还不到一岁的时候，虽然他很可爱，但我每天的生活都围着孩子转，我觉得自己和社会脱节了，心情很低落。话虽如此，但我完全无法想象在孩子上幼儿园之前不管他，自己只顾着拼命工作会怎样。

于是，我选择在家创业，因为我想在照顾孩子的同时拥有一份充实的工作。现在，我利用自己家的一部分经营着一家专门为女性服务的针灸院。在家开沙龙的好处是我可以利用工作的间隙时间来做家务，也可以和孩子互动。因为节省了通勤时间，所以我可以高效率地做家务、育儿、工作。

但是，这样一来难免会出现一边带孩子一边为客人服务的场景。这种时候，我就在想怎么做才能不给客人添麻烦，但又想不出好的解决办法。于是我决定，干脆在社交网络上发布自己真实的日常生活，我要加倍珍惜那些了解我的工作状态后还愿意前来的客人。

我会在社交网络上发一些关于孩子日常，比如“现在要去幼儿园接孩子”“马上就要放暑假了”等。现在很多人都在使用社交网络，大部分来我的针灸院的人都是看了社交网络才来的。也就是说，客户知道我的工作状态是什么样的。所以客户会主动说“有孩子也没关系，我想在 ×× 点预约”或者“孩子马上就要回来了吧”等。如果我能与客户建立起这样的信任关系，那么即使孩子在家也不用担心。

有孩子在确实会有不方便的地方。但是，孩子和工作孰轻孰重呢？如果采取不合理的工作方式，让孩子觉得妈妈只顾工作，感受不到被爱，那就得不偿失了。所以，我只要与愿意来的客户建立信任关系，基本就能解决工作和育儿的平衡问题。

换句话说，即使在育儿期间，你的选择也是自由的。你重视什么，想与什么样的客户联系，希望采取什么样的工作方式，这些都是可以自由设计的。

我的梦想是让更多女性朝着梦想绽放光彩。一直以来我都被鼓励“要有自信”，而现在，我正带着自信写这本书。

前几天，我参加了一个名为“美丽日本”（Beauty Japan）的大会，大会旨在发掘和支援为社会做出贡献的女性。我在众人面前上台演讲，我幼年时期完全无法想象自己会有这么一天。现在，我每天都过得很充实，在育儿和工作之间找到了很好的平衡。这些都源于我一小步一小步的积累，相信任何人都可以轻松做到。

朝着梦想绽放光彩的女性越来越多，这也会鼓励到肩负着未来的孩子们，让他们满心雀跃地期待长大成人。我想，如果世界能变成这样就太好了，我希望母亲光辉的背影能成为孩子们的好榜样。

最后，你的梦想是什么呢？让我们一起成为想成为的自己吧！

你是谁？

*

我不是一个只会调理身体的针灸师，我还是一个能够通过针灸帮助客户找到梦想的人。我也是两个孩子的妈妈。我很期待我的孩子，以及所有肩负着未来的孩子们长大成人。

为了造就这样的世界，作为个体的“我”，首先要尽情享受人生，让自己的人生变得更加灿烂。

*

上武由夏：经营真正的乐园咖啡馆

愿望会实现。你要相信它会实现并脚踏实地地付出努力，一直坚持不懈地做下去，直到愿望实现。只要坚持下去，就一定能看到一个全新的世界。那个时候我听到的“去开一家咖啡馆吧”的声音，也许就是现在的自己给当时的自己的留言。

上武由夏

咖啡馆经营者

1970 年出生于群马县。高中毕业后在当地的信用合作社工作，20 岁跳槽到综合美容沙龙。25 岁自主创业，成立了丝春蜜有限公司（Sprime），41 岁时开办了一家咖啡馆。在创业的第 20 年，解散了丝春蜜有限公司。2021 年春天，咖啡馆重新开业。她还通过了珠算检定一级、簿记检定一级，获得 Aura-Soma① 色彩疗法Ⅲ级资格，JPHMA② 认证的顺势疗法 ③ 资格，还在利马烹饪学校完成高级课程。此外，她还是自我调理初级课程教练。她会不定期举办“实现梦想的心灵法则”讲座、美容课程等，还会主办各种活动和演讲。

① Aura-Soma：一种结合颜色、植物和水晶能量的色彩灵魂疗法。——译者注

② JPHMA：日本顺势疗法医学协会。——译者注

③ 顺势疗法：又称同类疗法，是一种替代性疗法，由德国医生塞缪尔·哈内曼（Samuel Hahnemann）于 18 世纪创立。其理论基础是“同样的制剂治疗同类疾病”，意思是为了治疗某种疾病，需要使用一种能够在健康人中产生相同症状的药剂。——译者注

日程表

时间	内容
06:00	起床、为儿子做便当
06:50	晨练（慢跑和滑板）
08:15	梳洗、做家务、吃早餐
09:30	咖啡馆的开店准备（采购等）
11:30	咖啡馆开店
18:30	将咖啡馆交给员工、回家准备晚餐
20:00	吃晚餐
21:00	咖啡馆关店
23:00	睡觉

不服输的童年是我的基石

幼年时期，我不会用语言来表达自己的情绪，遇到不喜欢的事情就会鼓起脸颊闹别扭，是个缩手缩脚的孩子。

小学二年级时，周围的大人们对我说："不能把脸颊鼓起来！"从那个时候起，我就失去了发泄愤怒和悲伤的渠道，只得把那些说不出口的强烈想法变成生活的动力。如今想来，这种精神是我走到现在的原点。正好那个时候有很多人上珠算补习班，我也想试试，知道家里经济不宽裕，如果是以前的我可能就放弃了，但当时我请求母亲："无论如何我都想学！"并以"要学就好好学"为条件，我拿到了进入补习班的门票。我至今还记得，红色格纹算盘包的分量让我的心情雀跃不已。

按照和母亲的约定，我每天都去珠算班，就这样坚持了一年。8 岁时我被选为珠算选手，在地区比赛中获得了个人全能冠军。小学时我还会参加课前珠算晨练，通过了珠算一级考试。但是，9 岁的时候我觉得自己的珠算已经学得差不多了，于是我不顾周围人的期待加入了迷你排球部。以此为契机，我变成了一个活泼的孩子。

到了小学高年级时，我开始发挥自己的领导能力，六年级的时候就做了队长，到了初中，更是担任了器械体操部的部长。初中时代，我养成了无论做什么，只要做不到就会不甘心，然后一心一意不断练习的精神，“努力的人、不服输的拼命三娘”成了我的第二个名字。

回望我的少年时代，我认为自己并没有过人的天赋，只是全力以赴地做好眼前的事，不断积累小小的成功经验。毫无疑问，从幼年时期到初中时期的努力积累成为我自信的基石，并延续至今。

然而，高一那年的夏天，我因为太过努力而感到疲倦，于是退出了器械体操部。自那之后，我感觉一根紧绷着的弦“砰”一声断了。我第一次经历挫折是在 16 岁的时候，虽然没有目标的每一天都很轻松，但渐渐地，我被不安侵袭，过上了痛苦的日子。

没有想做的事也没关系

我看不到未来，就这样浑浑噩噩地过日子。高中毕业后，我进入本地的一家信用合作社工作。但因为工作上屡屡出错，我被上司和前辈贴上了“没用的人”的标签。

坏事总是接踵而至，就在那个时候，我发生了严重的车祸。至今我还清楚地记得父母呆呆地站在昏暗的医院走廊上的样子，当时我特别讨厌自己的无助感。辉煌的少年时代像泡沫一样破灭了，我打从心底为跌入谷底的自己感到痛苦和悲伤。

当我扪心自问“我的人生就这样了吗？这样可以吗？”的时

候，我听到心里有一个声音在说：“这样下去不行，我也一定能做点什么。”话虽如此，我却不知道当下的自己能做什么，也没有想做的事。我唯一能确定的是，我不能再逃避了。有时候即使下定了决心也找不到想做的事，因此我稍微转换视角，想着“正因为没有想做的事情，所以要全力以赴地做好眼前的工作”。于是，我的失误逐渐减少，人际关系也变好了。那种感觉就好像黑暗之中照进来一束光，那一刻我终于看到了希望。

有一天，好几年没联系过的中学时代的朋友打来电话，她跟我说：“现在我这里有一份美容服务的工作在招人，你要试试吗？”我立刻回答：“不要。”因为当时我才 20 岁，对美容完全不感兴趣，甚至连化妆工具都没有，每天都是素颜去上班。之后这位朋友又联系过我好几次，每次我都回绝了。尽管如此，她还是耐心地再次联系了我。多亏了她才有了现在的我，那时候我根本没有想到这是个机会。

当时我想着去见她一面，听她讲一下，也许她就不会再联系我了。于是在那个夏天，我不情愿地出门了。到了那里，我看到同龄的女孩子们在朝气蓬勃地工作的场景，瞬间就被吸引住了，心想“我也要过这样的生活”。

详细了解后我才知道，她们不仅会用化妆和美容服务来提升客户的外表，还很重视对客户的心理疏导。我被“心理疏导”这个词吸引了，直觉告诉我“我想成为一名能够对客户进行心理疏导的美容顾问”。因为经历过挫折，所以我也想给那些和我有同样经历的人带来勇气。

之后，我不顾周围人的反对，毅然从信用合作社辞职，进入之前完全不感兴趣的“美容世界”。毫无疑问，这是我人生最大的转折点。跳槽到新公司后，拥有了梦想的我开始认真学习美容知识，并如愿以偿取得了“美容顾问”的资格。在员工培训中我了解到，“每个人都有无限可能，只要坚定信念，心中所想的事情就一定会实现”，这让我深受感动。

在此之前，我一直认为无法实现梦想是再正常不过的事，但上司却很认真地告诉我，只要有一个好的心态，就能拥有想要的人生。她跟我说：“梦是在醒着的时候做的。”我从未忘记她的恩情。从那天起至今已经过了 30 多年，这句话依然是我生活的支柱，它使我相信，无论发生任何事我都不会倒下。

虽然我以前对美容行业完全不感兴趣，但人的想法是不可预知的。进入这一行之后，我开始了漫长的追求“美丽与健康的和谐”“心灵与身体的治愈”的旅程。虽然现在我依然在旅途之中，但这种状态是不会改变的。

本书的读者中或许也有很多人因为没有想做的事而烦恼，我想对这些朋友说的是，“没有想做的事也没关系”。正因为没有想做的事，所以才要不懈怠、全力以赴地面对眼前的事情。然后，你就会奇迹般地迎来被选中的机会。因此，大家完全没有必要焦虑，要理解自己的心情，加深与自己的连接。

全力以赴的每一天

自从知道梦想会成为现实后，我每天都过得既兴奋又充实。“将人生的主动权掌握在自己手中”，这种生活方式同时也意味着要自己承担全部责任。所以，尽管我也有过不安，但我已经决定不再逃避，因此即使有辛苦难熬的日子我也绝不放弃。

跳槽一年后，也就是在我 21 岁的时候，我被任命为店长，在全日本 40 多家店铺中我负责的门店业绩名列前茅。然而，越是深入思考如何才能更好地为客户服务，我就越觉得在组织框架内个人要按照自己的意愿采取行动是很困难的。

于是，为了实现“想要更加自由”的愿望，25 岁的时候，我走上了自主创业这条路。当时我只有 6 名员工，只有一间用公寓改成的办公室，三年后为了建造新的公司用房，我背负了 6500 万日元的债务，其中就包括购买土地的资金和建筑费用。不可思议的是，整个过程中我完全没有想过如果不顺利要怎么办。公司用房盖好了，从此能够堂堂正正地挂牌营业，这比什么都让我开心，也给了我更大的信心。从那以后，我每天都和员工反复开会，充实沙龙的服务内容。我为自己能和共同克服各种困难的伙伴们一起工作而感到自豪。

除了护肤品和化妆品销售、化妆课程和咨询等服务，我们还开设了一家完全私人化的美发沙龙，客户可以推婴儿车带宝宝来店里。另外，我们还引入了芳香疗法、色彩疗法和自然疗法来缓解客户的身心压力。

个人生活上，我和丈夫没有领结婚证，我也没有随夫姓，就这样在 31 岁时生下大儿子，34 岁时生下小儿子。我们的生活和普通家庭没有什么不同，但在大儿子 6 岁、小儿子 3 岁的时候，我成了单亲妈妈，和两个儿子开始了新的生活。

生活飞速向前，我努力平衡着公司管理和育儿。我一边描绘着光明的未来，一边充满力量地工作着。然而在我 38 岁的时候，雷曼事件[①] 发生了。

我原以为美容行业不会受到太大影响，但公司的经营情况却开始逐渐恶化。我想着如果不尽快回到正轨就太晚了，但又找不到出路，心里很着急。

有一天，我带着儿子们去露营。就连在去露营地的车里，工作的事也在我的脑海中挥之不去，我一直在想“在最坏的情况发生前，我必须尽快找到下一条路。但是我该做什么呢”，我完全没有任何头绪。

那时我刚满 40 岁，在创业的第 15 年，我又一次站在了人生的十字路口。20 岁的时候只考虑自己就可以了，但是现在我有了许多工作人员和两个儿子，所以不能随心所欲，也不能失败。而且，盖公司用房时的欠款还没还清。我一边行驶在山路上一边思

① 雷曼事件：2008 年，美国第四大投资银行雷曼兄弟银行由于投资失利，在谈判收购失败后宣布申请破产保护，从而引发了全球金融海啸。——译者注

考这个问题，这时，不知道从哪里传来了“去开一家咖啡馆吧”的声音，我不禁怀疑起了自己的耳朵。这听起来像假的，但我当时真的听到了。“欸？我要开咖啡馆？而且还是借钱开咖啡馆？我想都不敢想。”

我之前从未想过开咖啡馆。那天晚上，我和儿子们住在帐篷里，小儿子的一声“妈妈，我想上厕所”把我吵醒了。先从帐篷里走出来的小儿子喊道：“妈妈，月亮上面有彩虹！好厉害！”我立刻抬头望向天空，看到满月周围出现了一道清晰美丽的彩虹。看到这道月亮彩虹的时候，不知道为什么，我的直觉告诉我：“我要开一家咖啡馆。我开咖啡馆一定会对我和周围的人都有好处。”然后我对着天空许下诺言：“月亮仙子，虽然我没钱没时间没经验，但我一定会开咖啡馆的！”

第二天，在回家的车上我就已经开始计划了：“那么，要开什么样的咖啡馆呢？”“地点呢？”“菜单呢？”后来我想，既然要开业，不如选择开一家以美和健康为理念的有机咖啡馆。

回家后，我马上办理了有机烹饪学校的入学手续。因为没有多余的钱请厨师，所以只能事事都自己做。我取出了仅剩的一点存款，就这样，我做好了再次进入新世界的准备。

不希望发生的事情会告诉我们真正的愿望

就在我刚要上烹饪学校的时候，3 月 11 日忽然发生了强烈的地震，史称“3・11”日本地震[①]。突如其来的意外事件让我感到震惊，但无论多困难，我都没有想过要放弃开咖啡馆。

我向银行申请贷款，并于地震发生一年后的春天在公司的美容沙龙里开了一家只有10个座位的小咖啡馆。我把沙龙业务交给员工，自己开始经营以“有机甜品和咖啡”为卖点的咖啡馆。但是，不同于光鲜亮丽的“2字头”和“3字头”年纪，我开始了修行一般的“40年华”。

咖啡馆刚开业的时候，大儿子10岁，小儿子7岁，我要兼顾美容沙龙和咖啡馆，还有一大笔欠款要还，几乎每天都连续工作14个小时以上。我每周只休息一天，每天从早到晚都在自学做蛋糕，晚上很晚才回家，看到两个儿子紧紧地贴在一起睡觉，他们这么做仿佛是为了填补寂寞。

有时候我忙得连做饭的时间都没有，只能在咖啡馆狭小的工作间里煮面条。我几乎没有参加过儿子们的学校活动，有一天，小儿子一边说着“我知道妈妈来不了”，一边递给我一个信封，里面是一张学校活动的门票，上面用粉色和黄色的铅笔画了爱心和星星。看到它时，我忍不住泪流满面。见我这个样子，渐渐地，儿子们也不再给我看学校活动的传单了，我甚至不知道他们周末的足球训练需要自带盒饭。

---

① “3・11”日本地震：也称东日本大地震，是指2011年3月11日发生在日本东北部太平洋海域的强烈地震。——译者注

我对自己既不能做好工作，也不能好好照顾孩子而感到自责和沮丧。但是，无论发生什么，我都只能继续努力。

咖啡馆第一次实现满座是在开业的半年后。在此之前，也曾有过店里没有一位客人的时候。想象中的满座场景终于变成了现实，那一刻我真的很开心，一边洗碗一边忍住快要夺眶而出的眼泪。

咖啡馆的客人逐渐增多，而美容沙龙的业绩却停滞不前。因此，在咖啡馆开业第五年的春天，我决定解散创办了 20 年的美容公司。虽然我对公司一直坚持“绝对不会放弃”的原则，但做出决定也只是一瞬间的事。

于是，在 46 岁的时候，我从公司老板变成了个体经营者。我依然过着忙于偿还债务的日子，就在这时，新冠疫情来袭。虽然咖啡馆的营业额直线下降，但照片墙上的网友、熟悉的客户和很多朋友都很支持我，纷纷为我的店进行宣传。多亏了他们，我才能渡过这道难关。

现在，我 50 岁了，大儿子已经进入社会，开始独立生活，小儿子也上了高中。回首往事，正是因为经历了很多不希望发生的事情，所以我才知道自己真正期待的是什么。因为陪孩子的时间很少，所以我才能感受到和他们在一起的快乐；因为在钱的问题上吃过苦，所以我才知道钱的可贵；因为失去过重要的朋友，所以我才想要珍惜今后遇到的朋友，带着爱生活。迄今为止我所经历的种种，少了任何一样，我都不能成为现在的自己。

上武由夏

今年，我对咖啡馆进行了大翻新。我真的很感激自己能够在这个理想的地方与10名员工一起发自内心地享受工作的乐趣，这里对我来说就是最棒的乐园，这种幸福感让我由衷地露出笑容。

你是谁？

*

我是一个奉行“爱自己”原则的人。我爱自己，而且我认为，如果不珍惜自己，就不可能珍惜周围的人。我不在意面子。我常常问自己：“我想做什么？”我善于倾听自己内心的声音，并从内部不断地满足自我。

即使遇到了不希望发生的事情，也要选择保持好心情的生活。这种坚持会产生更大的力量，强有力地支撑着我不断前进。

*

梅垣由美子：以舞蹈为事业活下去

只要公开表明目标，就一定会顺风顺水。就连偶尔降临的逆风，也能转化为自己的动力。

梅垣由美子

尤米（Yummy）舞蹈工作室的代表舞者

1986 年出生于东京。12 岁开始跳舞，高中时期担任校舞蹈社社长。6 年的社团活动经验让她想要从事舞蹈工作，她在就读于法政大学时开始以舞蹈演员的身份自由演出。她曾多次出现在佛罗里达州和舞滨的主题公园演出、电视广告以及歌手的 MV 中。她从 25 岁开始经营自己的舞蹈事业，27 岁成立了自己的舞蹈工作室“尤米”，该团体有超过 300 名会员。现在她在经营工作室的同时也作为指导老师进行授课和表演等工作。

日程表

时间	内容
08:00	起床
11:00	活动会议
12:00	吃午餐
13:00	在工作室办公
16:00	作为工作室讲师巡课
20:00	吃晚餐
22:00	在健身房进行个人训练
24:00	回家
01:30	睡觉

通过公开表明目标来获得动力

大家是从什么时候开始具体考虑将来的梦想和想做的事情的呢？还有，你把这些告诉周围的人了吗？

初高中的时候，我加入了校舞蹈社，在潜移默化中就想把舞蹈作为日后的工作，但由于隐隐的害羞和不自信，我没有把这个想法告诉任何人，而是默默地藏在心里。我在高三被问到未来工作计划的时候，终于第一次向周围人表达了想把舞蹈作为事业的意愿。之后，我决定进入文科大学。入学前我就果断地对学校老师和家人表示："我想把舞蹈作为事业，所以不会去找工作。"我一边上大学，一边开始摸索以舞蹈为事业的道路。

现在想来，从那时起我就积极地公开表明了自己的目标。但是，我的想法既没有根据也没有说服力。在那个工作方式的多样性还没有得到广泛认可的时代，对于宣称"虽然上大学但不找工作，不做公司职员"的人，周围人（尤其是成年人）的眼光并不宽容，持严厉否定态度的人不在少数。

周围人都不看好我的梦想和目标，这让我多少有些不舒服，但越是这种时候我越要抱着坚定的信念行动，去实现自己公开表明的目标，以此回击那些质疑我的人。

刚上大学的时候，我的一位学姐作为专业的舞蹈演员活跃在舞台上。这是我第一次见到以舞蹈为事业的人，毫无疑问，她很快就成为我憧憬和尊敬的学姐。我还记得，当我和这位学姐加入同一个社团，在学校艺术节一起跳舞时，我获得了一种成就感，仿佛自己也向专业演员的目标迈近了一步。

在庆功宴上，我既害羞又热情地对她说："学姐，我想把舞蹈作为我的事业。"听了我的话之后她说道："啊，这样啊。对小梅（我的小名）来说不太现实吧？"这句话让我深受打击，本该圆满结束的艺术节也被这句话给毁了。

但是，以此为契机，我"要让学姐刮目相看""一定要把舞蹈作为工作"的想法愈发强烈，我也开始更认真、更具体地思考如何才能实现目标。之后，我几乎每天都去上舞蹈课，还和朋友们一起参加活动和舞台剧，有意识地增加自己接触舞蹈的时间。从第二年开始，我通过试镜的次数越来越多，也获得了更多舞蹈方面的工作机会。

有时候，公开表明自己的目标会令人沮丧，并造成不利影响，但如果能很好地面对它，它就会成为你的动力。在我公开表明"想以舞蹈为事业"后，我在大学时代就参加了舞台和媒体的演出，活动范围大幅扩大。后来自己在跳舞这件事上慢慢被大家所熟知，也收到了很多舞蹈方面的工作邀请，对此我心怀感激。

我努力地完成好来自各方面的工作，也因为这样，更多的机会像滚雪球一样源源不断地涌来，我的工作也慢慢走上了正轨。顺风会带来助力，对自己得到的机会要尽最大的努力去回应，这是实现目标的捷径。

如果现在有人因为自己想做的事情遭到周围人的反对而失去信心，那么我希望你能从小事开始公开地说出来，不要放弃，积极地采取行动。

朝着目标积极行动，哪怕只是一点点的行动，周围人的反应也会因此而发生改变。而且，如果你的行动取得了一些成果，自然就会有更多的人支持你，你离梦想也会更近。

创造一个“非达成目标不可”的环境

如果有想要实现的目标，有时候就需要克制欲望，逼自己一把。我一心一意想以跳舞为事业，所以我采取的方法是“杜绝跳舞以外的一切赚钱手段”。

大学毕业后，有一段时间我同时做着舞蹈方面的兼职和咖啡馆的兼职，但在25岁的时候，我便辞去了咖啡馆的兼职。我本可以像之前那样一边跳舞一边在咖啡店打工，但我想清楚了，我要从事的是舞蹈行业，如果依靠其他收入的话，今后可能会舍不得放弃其他的收入来源。

对于这个果断的决定，当初我也有过不安。但是随着舞蹈工作的增加，渐渐地我也可以只靠舞蹈相关的工作来维持生活了，不安感也就随之消除了。

这是一件很神奇的事，只要你舍弃某样东西，就会获得新的缘分。无论是物品、工作还是人，重要的是选择自己真正需要的。如果我们重新审视自我，新的缘分就会不断出现，为自己带来一个更舒适的环境。

这样不断摸索和行动的结果是，我 25 岁大学毕业的时候就能够靠舞蹈来维持生活了。自那之后，我全面开启了自己的舞蹈事业。

“只靠喜欢的事活下去”不过是幻想

没有比“把喜欢的事作为工作”更开心的事了。但是，这不等于只做喜欢的事。所谓工作，就是用自己的技能来赚钱。因此，以下三点非常重要：

（1）你能否提供质量与收费相匹配的服务？

（2）你能否面向需要服务的对象做好营销？

（3）拿到钱之后，你能否做好经营管理？

先来说第一点。这是大前提，我们必须持续提高自己所提供的服务质量。就跳舞而言，从业者需要能够把握编舞和编曲的趋势，保持自己的身体能力。但是，即使自己的技能、服务已经很完善了，如果做不好营销，也无法接触到需要它们的受众。所以我们可以创建自己的网页、在社交网络上发布信息、进行基于地域的宣传等，做一些有针对性的营销。而且，一旦我们所做的事情成为工作，就必须好好地经营管理它。这个过程中最重要的是“自己不擅长的事就找专家”，事事亲力亲为会耗费大量的时间和精力。

要在创业的同时掌握专业以外的技能并不是一件容易的事。如果你把依靠专家节省下来的时间用来发展自己的专业领域，你整体的工作效率会得到提升。只是，不要把所有事情都一股脑地交给他人，重要的是你应该了解需要交出去哪些部分，并在将事情交给他人后，感谢对方所做的工作。

另外，把喜欢的事情作为工作，一定会有理想和现实发生冲突的时候。但是，正因为这是你喜欢的事情，是想要作为工作的事情，所以要有认真面对的觉悟，努力追求到底，这样就能找到适合自己的前进之路。

从小的成功体验到大的成功体验

创业没有捷径。与设定了正确路线及目标的马拉松和登山不同，创业不存在这样的东西。正所谓“千里之行始于足下”，创业中一切都必须从零开始，自己创造，自己开拓道路，然后迈出第一步。

我在创业的时候，为了不在通往大目标的道路上迷失，所以设定了每个阶段的目标，从小目标开始实现，日积月累，最终实现大目标。接下来，我将从五个方面来介绍具体的例子。

（1）大目标

· 以舞蹈为事业生活下去。

· 拥有自己的舞蹈工作室。

（2）中长期目标

· 在东京巨蛋[1]跳舞。

· 在主题公园跳舞。

· 拍广告，上电视。

· 拥有自己的正规课程。

（3）几乎可以肯定能够通过自己的行动来实现的目标

· 经常参加舞台剧和活动。

· 为成立舞蹈工作室存钱。

· 取得蓝色申报[2]资格。

（4）平时应该做的事，类似于“待办清单”

· 在社交网络上发布有关自己活动的信息。

· 每个月读 2~3 本关于创业的书。

· 每周至少上 3 次课。

（5）［题外话］私人生活中想实现的事

· 好好休息。

· 想环游日本，从北海道到冲绳。

· 想拥有更大的房间。

① 东京巨蛋：位于日本东京文京区，是一座有 55000 个座位的体育馆，可承办各种赛事和表演。——译者注

② 蓝色申报：日本纳税制度为蓝色申报制度，它是指纳税义务人经税务机关许可后，依据税收法规的相关规定，采用蓝色申报表来缴纳税款的一项制度，采用蓝色申报表的纳税义务人可以享受到比普通纳税人更多的税收优待。——译者注

像这样确定了目标后，我就会把目标写在笔记本上，或者贴在房间墙壁上等显眼的地方，以提高实现目标的积极性。并且，我还会对已达成的目标做标记，明确自己实现了多少目标。一旦有了达成目标的成功经验，就能慢慢从小的成功发展为大的成功。

顺便一提，六年前我写下的目标之一是“出版一本书”，这个目标如今也实现了。创业以及面向目标经营事业需要克制，当然也需要放松。不要因为太过努力而喘不过气来，把握好节奏，持续前进是很重要的。

达成目标后，我会通过吃好吃的东西、买衣服等方式来奖励自己，以此维持实现目标的动力。尽管如此，有一段时间我对工作的热情也急剧下降。因为在实现了梦寐以求的“成立自己的舞蹈工作室”的目标后，我没有了进一步的目标，陷入了失去目标的状态。当时我还没想好之后的目标和计划，自己也不知道该怎么办才好。

工作室成立之初，我有过一段痛苦的时期，那时候我每天都只是按部就班地完成眼前的任务。我原以为达成目标后，工作就会走上正轨，自己也会越来越开心，但当我实际面对现实的时候，却发现理想和现实相差甚远，我为此深感困惑。

之后，我把新的目标转向了继续经营工作室，开展和扩大业务上，逐渐为自己的未来规划了道路。我一直脚踏实地地工作，在同事的帮助下工作室也渐渐走上了正轨。多亏了大家，如今工作室已经迈入了第九个年头。

现在，继续经营工作室依然是我的目标。持续经营事业，事业就会不断向前发展。随着岁月的流逝，自己的人生阶段也会发生变化，我相信未来我还会有新的目标。总之，只要制定适合自己的目标并努力去实现它，就能慢慢靠近自己的理想。

正在朝着自己的目标前进的人和以创业为目标的人，请试着从稍微努力就能够得着的目标开始，一点点地去实现它们。不断积累能够实现的事情，这样做的话，离实现大目标的那一天也就不远了。

为此，要不断表扬努力的自己。然后，享受自己通往目标的创业道路吧。我相信，拥有自己所热爱的事物，这就是最棒的人生。

你是谁？

*

我是一个会跳舞的经营者。

迄今为止，我在舞台上跳舞已经有25年了，做舞蹈老师也有15年了。可以说，我的人生离不开舞蹈。由于我一直在追求自己喜欢的舞蹈，因此得以开创了舞蹈相关的事业。

如今，“舞蹈”和“经营”是我的两大支柱。今后，我想做的不仅是物理意义上的“跳舞”，更是想继续从事让心灵“舞动”的事业。

希望自己能为更多人带去幸福。

*

加藤道子：传达作者想法的图书撰稿人

把一件事做到极致很重要。安于现状便会止步不前。无论到了什么年纪，人的成长都在于挑战从未做过的事情，这也有助于工作上的成功。

加藤道子

图书撰稿人 / 撰稿人讲师 / 出版制作人

1974 年出生于东京。曾在出版社、广告代理店工作，31 岁成为自由职业者。之后她一边抚养两个女儿，一边走上了写作的道路。她在 40 岁时担任编辑学校“培养写好一本书的图书撰稿人讲座”的讲师，至今已培养了超过 120 名撰稿人。每年出版 10 本书，经手的书超过 100 本。她作为编辑的代表作《不要虚度 30 岁》《不要挥霍 20 岁》《不要放弃 40 岁》系列（永松茂名 著）累计销量超过 18 万册。同时她作为减肥书、艺人书（名人书）等各种类型图书的撰稿人活跃于文坛，同时也致力于通过出版制作和个人讲座等方式培养撰稿人。

加藤道子

日程表

时间	内容
05:00	起床、做早餐、打扫
07:30	送孩子上学
08:00	去健身房
09:30	在附近的咖啡馆工作（写作、线上讲座）
13:00	吃午餐
15:00	兴趣时间（跳舞、练习吉他、读书、看视频）
18:00	洗澡
19:00	吃晚餐，家人团聚、全身护理等放松时间
22:00	睡觉

冷门的职业——图书撰稿人

很多人都是第一次听到“图书撰稿人”这个职业吧。图书撰稿人是指代替作者写书的人，书店里摆放的书有八九成都出自撰稿人之手（小说、绘本等除外）。

作者大多活跃在某个专业领域，很难抽出时间来写稿，当然也有很多人不擅长写作，而代替这样的作者完成原稿的就是图书撰稿人。

为了写一本书，图书撰稿人和编辑要对作者进行 3~5 次采访。根据这些采访将作者所说的内容整理成稿件，这就是图书撰稿人的工作。虽然也有作者亲自写稿，但大多数都是通过采访的方式请图书撰稿人来写。

可能有人会对此感到很震惊吧？心想：“作者不是自己写书吗？”不管怎么说，图书撰稿人终究只是作者的“代笔”。当然，我不会写作者没有说过的内容，而且会反复确认稿子，从这个意义上讲，说书中的内容来自作者也没错。

我成为图书撰稿人已经 15 年了。迄今为止，我已经帮助不同的作者写了一百多本书。但直到现在还是会有很多人问我“什么是图书撰稿人”，即使我回答是“写作者”（writer），大家有时候也会问我：“是自由职业（freeter）？还是写手（rider）？”可见大家对图书撰稿人这一职业的认知度很低。但是，我对这份工作感到非常自豪和有价值，甚至可以断言没有比这更快乐的工作了。

让我产生这种想法的理由很多，在此我想先介绍其中的三点。

第一，这份工作可以让我遇到日常生活中绝对不会遇到的人。就图书撰稿人而言，大部分工作都是在接受了出版社的委托之后再进行的，但也有一种工作模式是由图书撰稿人来制定企划，然后推荐给出版社，如果企划通过就可以参与创作。总而言之，图书撰稿人可以制定自己想做的企划，比如与想出书的作者、名人、艺人等有关的企划，待企划通过之后，他们就可以不以粉丝的身份，而是以工作伙伴的身份见到自己憧憬的人，这种快乐是图书撰稿人的专属特权。

到现在为止，我的很多企划也成功出版了。十几岁的时候我因为写书而去采访了一位我超级喜欢的艺人，当时我还因为过于兴奋而把手机掉在地上，为了捡手机，头撞到了桌子上。采访结束后，我坦白地告诉他“我是您的超级粉丝”。这样的经历在日常生活中是很难拥有的吧。

第二，每写一本书，就会获得更多指导。刚才我也讲过，作者几乎都是在某方面取得成功的人。如果他们接受的是杂志或网络等媒体的采访，只要一两个小时就能完成，这是无法深入了解受访者的。但是，图书撰稿人写一本书需要和作者见面很多次。因此，也有机会和作者闲聊一些与书籍无关的内容。比如，在创作恋爱图书的时候，我自然而然就会与作者聊到自己的恋爱问题，而在创作自我启发类图书的时候，我向作者提问的内容就会跟自己的人生有关。

说句题外话，在这种时候，越是一流的作者，越会亲切地和我们沟通，这是他们的共同点。正因如此，我们写稿的热情才会高涨，也才能与作者建立起信任关系，创作出好的书籍。而且，无论是商业类书籍、烹饪类书籍还是减肥类书籍，要写好一本书都需要掌握很多专业知识。图书撰稿人能直接和活跃在该领域第一线的作者进行交流，也是这份工作独有的福利。

第三，图书撰稿人才是最适合妈妈的工作。要写一本书，通常需要在 3~5 次采访（每次约 2 小时）结束后再写稿。孩子小的时候，我采访时会把孩子交给父母或公婆，或者暂时送到附近的托儿所。采访大约也就 2 小时，即使算上在路上的时间最多也就 4 小时。因为时间不长，所以长辈也很乐意帮忙照顾孩子。

只要拿出几天的时间去采访作者，之后我就可以不受时间和地点的限制自由地安排工作节奏。因此，图书撰稿人这份工作很适合带孩子的妈妈。如果写的书再版的话，那么除了稿费，作者和图书撰稿人还会得到版税收入，这样的赚钱方式也是图书撰稿人独有的。

从编辑到自由图书撰稿人

上高中之前，我并没有关于未来职业的梦想。但是在高二的时候，朋友对我说："当编辑，做杂志怎么样呢？"这句话改变了我的人生。我的学生时代是没有手机和网络的时代，和朋友之间的交流全靠交换日记和写信。因为不需要和真实的人面对面，所以大家才会饱含感情地写信。

我既不喜欢也不擅长写作，小学的毕业作文中我用错了助词，而且我也非常讨厌暑假的作文作业。但是，我很喜欢和朋友交换日记和书信。

高二的夏天，在我生日那天，朋友们悄悄地等在我打工回来下车的车站，给了我一个惊喜。我太开心了，把当时的情景写下来投给了《橄榄》（*Olive*）杂志（已停刊）的读者专栏。结果，我的稿子被采用并刊载了出来。我很开心自己写的文章被刊登在杂志上，从那天开始我就在想，也许自己比想象中更擅长写作。

我很感谢那个时候朋友对我说了那句话。不可否认，没有那句话就没有现在的我。说来惭愧，在那之前我甚至不知道有"编辑"这种职业。从那之后，我开始了解如何才能成为一名编辑。在这个过程中，我逐渐意识到自己未来会走上这条路。

进入高三后，我和老师进行了一次关于未来前途的谈话。我告诉老师自己想去培养编辑的技术学校，然后老师对我说："你必须上大学才可以进入出版社工作。"于是，我决定老老实实地考大学。

然后，我进入了当时少有的设有社会学系传媒专业的大学。在大学里，我一边学习社会学和传媒理论，一边办杂志。学校里有很多专门针对传媒的课程，所有这些对我来说都既有趣又刺激。

我在大学一二年级就修满了毕业所需要的学分，于是从大三开始，我每周三次在出版社做兼职。我一边在大学里学习，一边在实体出版社参与杂志的制作，学习编辑工作和写作方面的知识。

但是，我们这一代正是就业冰河期世代[①]，我参加了好几家大型出版社的入职考试，但均未通过。于是，大学毕业后我去了曾经做过兼职的那家出版社工作。之后我在广告代理店、出版社、编辑制作公司都工作过，并在 31 岁时结婚。与此同时，我决定成为自由职业者。

这样写来，可能会让大家觉得我一路走来顺风顺水，但事实并非如此。二十多岁的时候我废寝忘食地工作，在公司连住几晚也是常事。虽然我很努力，但是每天都被骂。因为写不出稿子，被骂也无可奈何，但我当时并没有意识到自己的文章写得不好。

当时我不仅写不出稿子，而且还总是迟到，恐怕已成为公司的累赘了。因为没有同伴，所以我一直处于独来独往的状态，

---

① 就业冰河期世代：指出生于 1971—1982 年的一代日本人。这一代人也被称作日本“迷失的一代”和“失落的一代”。经济泡沫破灭后，日本进入了漫长的经济衰退期，企业缩减了招聘规模，许多人无法成为正式员工，只能以合同工或者派遣员工的身份从事工作。即便其中一些人有幸成为正式员工，他们也因置身于公司业绩恶化、削减经费和裁员的环境中，一直抱有强烈的危机意识。——译者注

每天都一个人吃午饭。都说“爱好生巧匠”，我却做不好喜欢的事。如果是二十三四岁的新人，工作做不好还可以原谅，但到了二十五岁以后，社会就会对你更加严格。我虽然到了一定的年纪，但在工作上还是无法独当一面，这样的我只想早点结婚然后辞职。

就在这时，我迎来了转机。我从这家大型广告代理公司的杂志部门辞职，去了一家编辑公司，在那里，我久违地感受到了写作的乐趣。因为大型广告代理公司的工作是严格分工的，所以我在扩大工作范围上感觉很受限制。但是，跳槽后的编辑公司要创办人气杂志的网络版，所以内容可以自主决定，除了内容必须是办公室白领想看的，没有其他任何约束。总之就是我可以自由创作，选择自己喜欢的内容来做采访。

在那里，我的干劲被完全激发出来了。我策划采访了自己想见的艺人和女演员，并将这些报道连载出来。我做的时尚和娱乐相结合的连载企划广受读者欢迎，该页面的点击量大大超过了其他内容，这让我找回了遗失已久的写作的乐趣。

通过与众多女演员以及艺人的交流，我的思维拓宽了，文章也有了深度。更重要的是，我获得了很舒适的工作环境。

后来我结婚了，与此同时我决定成为自由职业者。当时，有出版社联系我，问我：“你能帮一位女艺人写书吗？”因为我对做采访后写稿很有信心，所以回复说：“可以，请务必让我来写。”但是，那时的我完全不理解“图书撰稿人”这份工作的意义。

被出版社要求全部重写

一本书要写 5 万～ 8 万字，而图书撰稿人一般要花 1~2 个月的时间才能写完一本书。图书撰稿人首先要在采访结束后写几篇样稿，这时候要确认文章的风格，比如是用敬体[①]还是简体[②]。编辑觉得可以之后，撰稿人就会以这种风格来写完整本书。

但是，第一次接到写书工作的我完全不知道流程，一口气写到了最后。然后，当我把稿子发给编辑时，得到了令人震惊的一段话。编辑告诉我："你现在写的不是 ×× 女士（作者）写的书，这只是你写的书。请你把自己当成 ×× 女士，全部重写。"那时我才知道，图书撰稿人必须以作者的身份进行写作。之后，我把之前的稿子全部删除了，一边自言自语"我是 ×× 女士，我是 ×× 女士……"，一边重写。

话虽如此，图书撰稿人要想完全成为作者是极其困难的事。为了更能感同身受，我在写作的时候会听着采访录音，还会把作者的照片贴在电脑上，在这样的环境中写稿。那时候我才第一次有了"啊，我完全变成了 ×× 女士"的感觉。经常有演员说自己在拍电视剧或电影的时候，会变成自己扮演的角色，图书撰稿人也是如此。

---

① 敬体：日语中的敬体一般用于需要表达敬意的场合。——编者注
② 简体：日语中的简体一般用于不需要表达敬意的场合。——编者注

以一个不是自己的身份来写作，那一刻的我简直就是一位“写稿的女演员”。有时我化身为帅哥演员，有时是搞笑艺人，有时则是畅销书作家，这份工作给我带来了很多乐趣。

我想一辈子坚持写作

我觉得图书撰稿人这份工作是以接力的形式进行的。第一棒是作者，作者所说的话由第二棒的撰稿人整理成文稿，然后再把稿子交给第三棒的编辑。编辑不仅会检查稿子，还会负责全书的结构和装帧，是决定一本书整体形象的重要角色。第四棒也是作者，作者虽然是第一棒，但也必须努力跑好最后一棒。虽然最后一棒很辛苦，还需要肩负责任，但作为队伍的代表，能冲过终点线的人还是非作者莫属。

说到图书撰稿人，很多人会认为只是一个人对着电脑写稿，其实不然。任何工作都是无法独自完成的，写书也是一个团队合作的过程。

迄今为止，我已经帮助不同作者写了一百多本书，也有幸与活跃在第一线的各种各样的作者们进行交流。我想，没有人会比图书撰稿人更加冷静地看待作者了。

作者眼中的编辑是为自己出书的人。而从某种意义上讲，作者对图书撰稿人没有预设。在一起的时间久了之后，我认为能最直观地看到作者本质的人就是图书撰稿人。

在我看来，越是成功的作者越不会看低图书撰稿人。而且，在作者中，我喜欢的人都有相似的特质，他们的书也确实都很畅销。也就是说，只有被图书撰稿人喜欢的人才能成为真正成功的作者，这样说一点也不过分。

我希望有更多的人了解图书撰稿人这份工作。图书撰稿人不需要资格证，所以只要是喜欢写作的人，无论多大年纪都可以从事这份工作。请大家试着在工作备选项中加入图书撰稿人这一项。

最后，如果把自己的人生看成一本书的话，处于“4 字头”年纪后半段的我现在才写了这本书的一半左右。每个人如何来书写自己的人生完全取决于自己。因此，我想尽可能快乐地、充满力量地生活下去。

你是谁？

*

我是一个充满力量的人。我希望能继续书写可以点燃人们内心之灯的书籍，同时葆有自己的力量。

但是，在成为图书撰稿人之前，我是两个女儿的妈妈。因为有最爱的女儿们，所以我会一直努力。

我希望能通过这本书来传达我想告诉给女儿们的话。

*

加藤理惠：没有工厂的金属加工公司的女社长

有烦恼的话就采取行动，无论何时都要思考能够付诸行动的方法，始终和伙伴一起追求更多的可能性。

加藤理惠

创羽股份有限公司董事长

1974 年出生于新潟县。曾在大型人寿保险公司负责内勤工作，2016 年 6 月就任某金属加工公司社长。她相信金属加工业与其他行业的可能性，现在担任创羽股份有限公司董事长，希望以女性独有的视角来追求制造业的可能性。她的兴趣是钢琴和园艺，学生时代曾参加篮球社和花道社，大学时期开始对汽车着迷并持续到现在。如今，她和丈夫、儿子、4 条狗和 1 只陆龟一起生活，梦想将来能在有清澈泉水的地方悠闲度日。

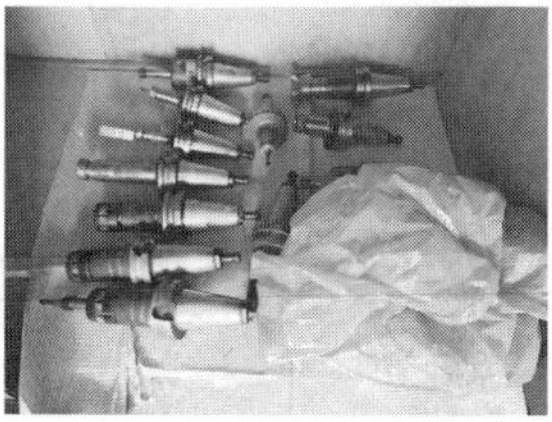

日程表

时间	内容
05:30	起床、吃早餐、做便当
06:30	家人起床、家人吃早餐
07:20	丈夫上班、孩子上学；做家务（准备晚餐、打扫）；照顾小狗、陆龟和植物
08:00	淋浴、梳妆
09:00	上班
21:00	回家、吃晚餐
22:00	洗澡、家庭时间
23:00	家人入睡。工作（查收邮件、确认第二天的日程、联系海外合作公司）
01:00	睡觉

父亲的一句话改变了我的人生

我原本只是一名普通的白领，在我结婚生子后要重新回归职场的时候，父亲来找我谈话，他的一句“要来我公司工作吗”在很大程度上改变了我的人生。

当时我在一家大企业上班，每天都按部就班地做着日常工作，但是得不到任何反馈意见。虽然我没有在小企业工作的经验，但在父亲问我的那一刻，我燃起了“想要成为被全公司依靠的人”的念头。

现在回想起来，我可能从那时候开始就对经营产生了兴趣。我对“被委以重任”充满期待，没有深入思考公司的业务内容就接受了父亲的提议，这是我惊涛骇浪般的生活的开始。

毕业后我一直从事金融方面的工作，过着与制造业无关的生活。我当然知道父亲经营的是一家专门从事金属加工的公司，但是说到金属加工，我完全无法想象具体做什么，我就在这样的情况下再就业了。

当时公司的规模很小，只有 20 多名员工。我的工作涉及总务、人事、财务等所有非生产部门。有一段时间，我以前所学的知识根本派不上用场。和大企业不同，在小公司，从打扫食堂到端茶倒水，什么都得自己动手。在这样的环境中，我经历着与之前公司不同的文化冲击，只得每天拼命学习。尤其是和银行的交涉、资金方面的周转、成本率的计算等制造业独有的业务让我每天都很头疼，不过几个月之后，我已经可以看懂财务数据了。

我比别人具有更强的好奇心，想了解一线员工的意见和想法，于是我决定走出办公室，与工厂的技术人员进行沟通。在此之前，我和工厂这个地方完全无缘。金属加工厂有很重的金属润滑油的气味，伴着切割机器散发出的热气，任何人哪怕硬着头皮也不敢说这是一个干净的环境。

工厂的 20 多名工作人员全部都是男性，他们的年龄跨度从 25 岁到 75 岁。为了防止受伤，即使在盛夏他们也都穿着长袖长裤。铁制品的尺寸会随温度的变化而变化，所以工厂里不能安装冷暖气。对当时三十多岁的我来说，这是非常严酷的环境。

但是，我通过和在一线工作的年长的工匠聊天，能感受到他们对专业制造的热情和对产品的热爱。而且，有匠人气质的人大多怕生，一开始我都没能和他们好好交流。如果让他们停下加工金属的手，就会妨碍业务，因为他们的工作是按分钟计量的。因此，开工前的时间和休息时间就成了我们的交流时间。令人吃惊的是，虽然很多师傅都是 8 点开始上班，但他们通常 6 点多就来公司了。

就这样，我辛劳的再就业人生开始了。

社长的重压

说到“金属制品”，大家会想到什么呢？进入父亲的公司之前，我自己都无法回答这个问题。但是，重新了解金属之后，我明白了，我们的生活处处都离不开金属。

父亲的工厂从昭和时代[①]开始经营了七十多年，产品种类繁多，包括发动机零件、潜水艇零件、汽车零件、点心制作机器的零件等。各种制造机器的零件都会用到金属。而且，每一件产品都是以毫米为单位计量的。这是一个严谨的世界，零件的尺寸不允许有偏差。在这个世界里，每个人都想着“如果我不把这个零件做好，机器就无法运转”，抱着这样的骄傲不断打磨技艺。正因如此，我才会向每一位工匠虚心请教。与此同时，我也在同时推进日常业务以及经营相关知识的学习。

最初的几个月很辛苦，但我还是努力挤出时间来完成这些事。当时企业每个月都处于财政赤字的边缘状态，只能向银行贷款，勉强维持。就在那时，我产生了一个很大的疑问。我听到某位销售人员对客户说：“那个产品的原材料我们有库存，您只要付加工费就行了。”我简直不敢相信自己的耳朵：“有库存就不要钱？怎么可能？”那时候公司里有“库存免费”“库存产品一次性使用”等不良风气，这样的话，公司不可能赚钱。长期这样下去，企业的经营支柱被动摇也只是时间问题。

这时，贷款给我们的银行问我：“你能不能担任公司的社

---

① 昭和时代：日本年号，使用时间为 1926 年 12 月 25 日—1989 年 1 月 7 日。——编者注

长？”这让我颇感意外。一开始我当然果断拒绝，觉得太离谱了。要我当一个经营了半个多世纪的公司的社长太不现实了，尤其是在金属行业，这是一个男性的世界。可连父亲也拜托我说：“公司已经快撑不住了，你能不能承担一下？”为此，我每天都很烦恼，为此我找了女性朋友来商量，也找了男同事来商量。

就在我烦恼疲惫的时候，同事对我说：“再这样下去，公司总有一天会完蛋的。你试着当一年社长吧，无论结果好坏，尝试了之后再说。大家都会跟着你的，你就放手去做吧。”这句话点醒了我，让我下定决心：试过之后不行就算了，我会尽量努力的。当天我和家人商量了一下，第二天就回复了相关部门，说我同意当社长。

这是一趟全新的旅程。“社长”这个头衔听起来很好，但背负的责任可不轻。我首先着手进行组织变革。之前担任“××长”职务的大多是七十多岁的人，变革后变成了三四十岁的人。虽然也有人因为反对这样的改变而辞职，但我认为这是整治不良风气的必经之路。

此外，我还贯彻执行了“严格的交货期管理”、“严格的品质保证”和“利润优先于销售额”的原则。这些原则都是非常合理的，但毫无疑问，如果不把它们落到实处，企业就会逐渐形成不良风气。

我请了一位很值得信任的男性来担任董事，主管销售和工厂生产，我则把主要精力放在重整财务和提升公司形象上。然而，公司需要解决的问题堆积如山。面对公司元老们“这样不行，那样不行”的精益求精的工匠精神，以及来自周围企业的“女人不要出风头”的议论声，我觉得自己太天真了。

在这样的情况下，我每天坚持扪心自问，即使患上斑秃也不顾一切地努力工作。一个月后，公司业绩就开始回升了。

犹豫要不要做的时候就去做

在处理业务的过程中，我产生了一个疑问：“金属只能作为机器的零件产生价值吗？没有其他用途吗？”当然，使用金属制品的客户是有限的，所以我们的销售对象也是有限的。那么，凭借金属匠人的技艺和想象力，我能不能以金属为主业，带领企业往其他行业发展呢？

我每天都在想这些事情，很想把这些想法付诸实践，比如，金属和室内装饰融合的可能性，和家具融合的可能性。金属和食品的融合不太现实，但可以和显示器或者其他各种产品一起进行融合的尝试。

担任社长一年后，虽然公司在财务上基本稳定下来了，但我心中挥之不去的关于“全球化”“合作”的想法却越发强烈了。我也考虑过在公司内部设立其他部门，组建团队。但我越来越清晰地意识到，我不希望借助公司过去的辉煌来做生意，而是希望独立自主，创造新的可能性。

我做了我能做的一切，比如和银行约定的重整经营、恢复现状等。按照我的想法，应该把公司的领导权交给技术知识渊博的人而非管理人员，这样公司才能不断发展壮大。于是我决定退居二线，把公司托付给专业人士。

我被制造的魅力和金属的无限可能性深深吸引，决定开创新的事业。当时有三名员工跟随我一起创业，对我说："我们想跟你一起追求新的可能性。"新公司的名字是一位长辈取的，他在事业上关照过我，可以说是我在"经营方面的父亲"。"创羽"指的是让制造业展翅高飞，创羽股份有限公司就此诞生。

毫无根据的自信会把自己逼入绝境

因为有过当社长的经验，所以在创业过程中，我还是比较乐观的。有一些老员工跟在我身边，这让我心里很踏实，但另一方面，不安也多了起来。

我租了一间 3 叠（1 叠 =1.62 平方米）大小的公寓，开始了我的事业。我们准备了桌子、电脑、复印机、电话等最基本的办公必需品，但由于是新公司，又没有实际业绩，所以很难找到客户。

当时就算有前公司的人情关系我们也找不到客户，这样的状况一直持续着，我的焦虑更加严重了。我一身的干劲无用武之地，据说，员工们都觉得那时候的我过分焦虑了。

有一次，跟我关系很好的一位社长对我说："你有销售能力，你应该想办法发挥这种能力。你可以想想什么是只有女性才能做到的事，只有在金融行业待过才能做到的事，只有中小企业才能做到的事，有这样的事吧？"他的话让我如梦初醒。

我恍然大悟，于是下定决心，要经营一家没有工厂的金属加工公司。没有工厂在这个行业里是个特例，但我决定去做这样一件违反常态的事。所谓特例，具体来说就是"女性开金属加工公司""没有工厂"等。但是，我想做。为什么女性不能从事金属加工行业？一定要有工厂吗？我想打破常规。因此，我决定努力加强横向联系。最开始的一年，我用之前的存款来维持公司的运转，贴补员工工资。后来，我决定在全日本范围内寻找合作公司，并与他们签订合同。员工们也很赞同我的做法，我们每天奔波，双休日也不休息，终于找到了四十多家合作公司。

到了第二年，我以合作公司为武器，利用以前积攒下来的人脉开展销售工作。一开始大家都露出很诧异的表情，问我："你没有工厂吗？"但有几家公司很认可我，认为我们的做法很有意思，于是我们接到的业务也渐渐多了起来。

第三年，我们开始了合作经营。比如木材和金属的结合，布艺和金属的结合。也因为这样，我们在装饰方面得到了"很有趣"这种评价，也开始谈到了更多的工作机会。

我们还可以继续追求更多的可能性。以女性的视角面对金属，我想用自己的人生去尝试这种可能性。"因为是女性所以不行；女性不适合从事金属行业；因为什么什么所以不行。”我想面对这个“不行”，然后把“不行”转换为“能行”。只要能迈出这一步，我的晚年就心满意足了。现在，我想和朋友们一起，在向前奔跑的同时努力追求更多可能性。

最后，我想告诉这本书的读者，我们可以把不可能变为可能。我还想说，人与人之间的联结是比任何东西都更珍贵的宝物。烦恼的时候就去采取行动，时刻思考能够付诸行动的方法。这样的话，你在任何时候都能感到快乐。

我之所以能这样想，也是因为有朋友的存在。所以，每个人都要珍惜身边的朋友。我想今后一定也会有痛苦和烦恼，但我会不忘初心，继续和朋友们一起讴歌人生。

你是谁？

我是金属加工公司的经营者。我要打破常规，挑战新业态下的金属加工范式。

无论在任何地方都不要忘记快乐，我很喜欢作为经营者和母亲的自己。无论发生任何事，我都想做一个与人为善的人。

讲内优纪：19岁经营深夜美甲沙龙

经营者不要试图成为全能的人，只要发掘同伴的特长，信任她们，依靠她们就可以了。

讲内优纪

“基本”股份有限公司（Basic）董事长

1984年出生于东京。19岁时在名古屋开了一家深夜美甲沙龙。这家沙龙从开业之初就成为预约爆满的人气店，但由于和员工之间的分歧，她自己也去学习并取得了美甲师资格。之后她回到东京，在其他店积累经验后扩大了自己的事业规模，并在24岁时就任日本美甲师协会（JNA）认证学校的校长。除此之外，她还从事品牌策划的工作。目前，她兼任日本美甲师协会本部认定讲师、卫生管理师指导员、模本学园町田专门学校美甲讲师等。除了致力于美甲师的培养，作为拥有宠物治疗师、宠物护士资格的专业人士，她还经营着6家店铺，包括可以带宠物一起去的美甲沙龙、以护甲石蜡热疗疗养（spa）为中心的spa美甲沙龙等。

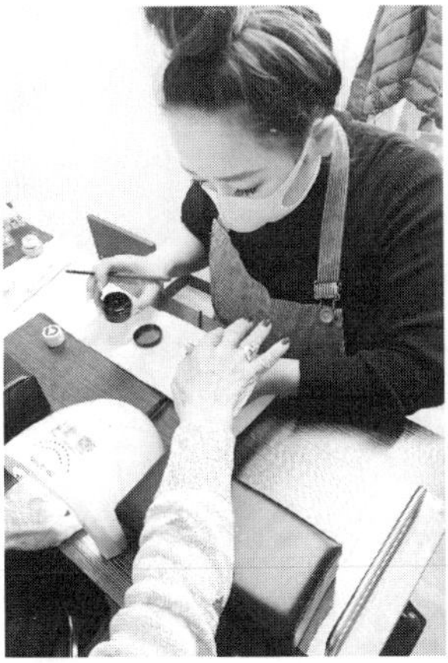

日程表

时间	内容
10:00	起床，确认日程、给员工发信息， 一边吃早餐一边化妆
11:30	带着爱犬散步去上班
12:00	工作（美甲学校、沙龙、销售等）
18:00	结束工作
19:00	美容时间（用磨砂膏去角质等）
20:00	享用喜欢的食物和美酒
22:00	更新社交平台、参加线上会议
02:00	睡觉

邂逅让心灵幸福的美甲

我第一次邂逅美甲是在 22 年前。那一年我 14 岁，当时美甲还没有像现在这样流行。我反抗严厉的父母，离家出走。对当时什么都不懂的我来说，唯一能支撑内心的东西就是美甲。

当时很流行辣妹，还是中学生的我也憧憬着自己能成为一名辣妹，喜欢用贴假指甲等方式来打扮自己。有一次，朋友对我说："让我练一下贴假指甲。"然后就把我的指甲当成了实验品。当然，做完之后我的手很痛，而且看起来像怪兽的手一样，但这让我觉得很有趣。以此为契机，我想"请专业美甲师来做会怎么样呢"，于是我第一次去了美甲沙龙。现在回想起来，毫无疑问，那正是我迈向如今事业的第一步。

在美甲沙龙，有很多穿着时髦的女孩来这里选择搭配各式华丽的美甲。最重要的是，专业美甲师的手艺太棒了！在那里，一个接一个的想法浮现在我的脑海中，比如"下次想用这种颜色，做成这样"等，这让我心动不已。

然而，当时美甲的价格不低，一次就要三四万日元。最理想的状况是一个月换一次美甲，但有的美甲师做的美甲一周就会掉色。这让我觉得很不可思议，为什么不同的美甲师做的美甲的持久度不一样呢？

从那以后，每次去美甲沙龙，我都会很认真地盯着美甲师做美甲的全过程。而正是这种好奇心和探索欲，才促使我后来从“接受美甲服务的人”转变为“为他人提供美甲服务的人”。

每个月做一次美甲的愿望支撑着我的内心。我也在努力存钱，但与此同时，我开始对生活感到疲惫。我没有其他梦想，也没有想要创业的宏大愿景。但是，不工作就活不下去。在我正发愁“又没有什么特别的资格证书，怎么办呢？”的时候，突然想到“开一家美甲沙龙吧”。于是，19 岁的时候，我抱着“如果能用自己喜欢的东西给他人带来幸福就好了”的轻松心情，在名古屋开了一家深夜美甲沙龙。

为什么要在深夜开店呢？因为我不想早起。这种做法不走寻常路，但反而很受欢迎，从开店之初顾客就络绎不绝。这是我怀着轻松的心情一时兴起开的一家美甲沙龙。当然，我对市场营销一窍不通，但社会上也确实有和我一样不喜欢早起，想晚上来做美甲的人。加之名古屋没有类似的店，所以我完全不用为了吸引顾客而发愁。

然而，并非所有事情都如我所愿，和员工之间的关系就让我碰了壁。开业之初，我聘请了 5 位美甲师。身为店里年龄最小的人，我却是这家店的经营者，有些员工对此感到不满，处处反对我说的话。而且，因为我不懂技术，所以会被反驳说：“老板你不懂技术，请不要插嘴。”

无论如何，我是这家沙龙的经营者，为了美甲沙龙的发展我必须把大家团结起来。当我在思考如何才能让顾客和店员更满意，如何才能让她们更愿意听我的话时，突然想到“对了，要是我也能成为一名专业人士就好了”。于是我马上去了美甲学校，并于3个月后取得了美甲资格证。

我成为美甲师后，想起了自己第一次去店里做美甲的经历。不知道为什么，那些不能对朋友说的话，我却对美甲师说了。回想起当时，我才意识到“美甲师是一个月见一次面的绝佳倾诉对象”。

我试着问了一下员工，她们一致表示：“确实，出轨、失恋、人际关系里的烦恼等，都是不能对朋友说但却希望有人可以倾诉的秘密。”因此，我决定把“成为顾客的心灵寄托，让她们带着美丽的心情离开”作为我的沙龙的座右铭。

有了这种共同的意识后，每位员工被顾客指名的次数都有所增加。而这正是增加回头客的营销基础，当时我们很自然地采用了这个策略。我自己被指名的次数也增加了，同时我也获得了员工的认可。我们店收获了不可动摇的人气，成为很难预约上的美甲沙龙。

两年后，我决定将这家店交给一位值得信赖的员工，并将连锁店开到东京。我先攒下100万日元开了一间单间的美甲店，再攒下300万日元用来租房子。之后，我存够了1000万日元，将生意扩大为股份有限公司。

因为我比别人更早踏入社会，所以我把时间当成自己的伙伴，一步一步踏实地拓展事业。24岁时，我成为自己梦寐以求的美甲学校的校长。现在，我是一名在东京麻布十番、町田、冲绳以及海外有美甲沙龙的经营者。

应该知道真正的价值

虽然现在社会上兴起了美甲热，但还是有很多人认为“花一万日元做美甲太浪费了，想做的话就自己做吧”。确实，现在网上可以买到很多可以自己动手做的美甲套装，看油管网（YouTube）就能轻松掌握相关技巧。

但是，花钱去美甲店做的美甲才是专业的。我现在依然会花钱请专业人士给我做美甲。花了钱之后可能会得到“花这么多钱，就做成这样？”的不满或者“花了这么多钱，果然很不错！”的满足感。稍微多花一点钱请专业人士做事才能体会到真正的价值。

我希望去努力得到那些自己认为真正好的东西，不管它是便宜还是贵。获得任何人都不能轻易获得的物品、技术和知识，可以增加自己的魅力，让自己充满活力地生活。

我为了获得自己想要的东西而努力工作。也就是说，我做生意的动力源于想要得到真正有价值的东西，想要成为真实的人。忠于自己想要的东西并不是坏事。如果想要某样东西的话，首先要考虑如何才能得到它。踮起脚来努力往上够，这样的姿态才能让人成长。

美甲师的世界也是如此。很多人想在美甲店工作，却连美甲店都没去过，这让我觉得很不可思议。到目前为止，我为自己投资了 300 万日元，上了 3 所美甲学校，我认为这样才能够学习更全面的知识。更重要的是，我掌握了真正的技术，并从中获得了不同的能量。如果不掌握真正的技术就去做美甲师的话，就只能成为具有“美甲师风”的美甲师。正因为我把钱花在自己喜欢的事情上，才能成为有自信、技术一流的美甲师。

这个道理不仅限于美甲行业，做其他事也同样如此。不管是什么领域的工作，要想成为可以提供真正技术的专业人士，除了自己亲自掌握真正的技术，别无他法。也就是说，我们想要的世界可以由自己来创造。如果你想创业或者考取资格证，那么就不要吝啬于投资自己，要学习真本事。

坦率地说出自己的想法

内敛被认为是日本人的美德。但是，在这个充满多样性的时代，一切都是从把想法用语言表达出来开始的，虽然这样做可能会遭到嘲笑或反对。

即便如此，我们也不能停止表达。因为我认为没有梦想是不说出来就可以实现的。在我 20 出头的时候，常把“想当美容学校的校长”挂在嘴边，当时总被周围人嘲笑“你真傻啊”。我一直不停在说，结果 24 岁的时候，我真的做到了。那时候我才切身体会到“只要一直说一直努力，机会就一定会来”。

但是，人过了30岁就不敢轻易说出自己的愿望了。尤其是女性，有没有孩子、有没有钱……和学生时代的朋友之间的差距一旦显现出来，就会暴露出现实，所以女性很难谈论起自己的梦想和目标。

尽管如此，我们还是不能放弃表达自己的想法。语言的力量和年轻与否完全没有关系。即使不是梦想和愿望，说出烦恼和辛苦也是好的，这样就能遇到和自己有相同想法的人，大家彼此协作，共同克服困难。

我认为人无论到了什么年纪，只要把想法用语言表达出来，人生就会因此改变。例如，看到自己想要的东西时，能否坦率地表达“我想要”也很重要。即使当时没能得到，只要说出口，就一定有机会得到。

我个人认为一切都是通过语言这一工具来循环的，它会在最好的时机、以最好的形式作为礼物回馈给你。因此，我们首先要学会对周围人说出“我想要××”“我想成为××”“我想去××”等因为不好意思而没能说出口的话。如果不能直接说出来，那么把它们发表在社交平台上也是一个好方法。总有一天你会真切地感受到，一句话、一个想法就可以改变你的未来。

能干的经营者才会束手无策

我已经创业17年了。一路走来我获得了很多人的支持，但这也让我再次感受到，有很多事情是自己一个人无法做到的。

刚成为经营者的时候，我主要考虑的是钱的问题，根本没有重视员工的概念。但是，町田店开业的时候，一位朋友主动说要来帮我，她开玩笑地说："接电话和保洁我还是可以做的哦。"在之后的10年里，她担任了我的会计，我也由此明白了职责分工在公司里的重要性。

以前我一直认为不能提升业绩的人就是工作能力差的人，也有一段时间因为自己无法把握与他人之间的距离而苦恼。但后来我意识到，人与人之间需要相互付出，相互感谢，这样事业才能很好地循环下去。

像我这种对人比较淡漠的人可能一个人做生意会比较轻松，但每个人都有擅长和不擅长的领域，要想一个人弥补所有的不足，就必须付出比别人多一倍的辛苦。既然如此，与其努力完成自己不擅长的事情，不如和擅长该领域的人一起合作，这样更能有效地利用时间，工作的完成度也会更高。

特别是沙龙，它是由全体员工一起建立起来的。经营者、会计、从事具体操作的专业人员、传授技术的店长，大家各司其职，这样就能充分发挥各自的能力，助力店铺的发展。这才是符合时代潮流的沙龙的样子。

举个例子，现在三十多岁的我很难为十多岁的顾客推荐美甲款式。但是，我们公司的年轻美甲师对流行趋势具有很敏锐的触感，她们能为十多岁的女孩子推荐受年轻人欢迎的并且走在时尚前沿的设计款式。

日本人无论如何都想自己一个人努力，但在做生意这件事上，毫无疑问，有很多事情是无法独自完成的。而且，人的状态会影响到店里的氛围。人都有心情好和心情不好的时候，如果团队一起行动的话，那么即使有人心情不好，另外的人也能支持跟进，避免给店铺带来负面影响。

前几天，在我身体不适住院的时候，员工们纷纷自告奋勇地说："我来守护公司。"因此我得以安心休养。正因为是团队合作，店铺才能照常运转，对此我充满感激。

如果你将来也想成为一名经营者，首先请意识到有很多事情是自己一个人无法做到的。而且，我建议领导者可以多一些束手无策的时候，多求助身边的人。这样才能促进工作伙伴的成长，有利于团队的和谐。

最近，我开始反省自己是否过于依赖员工，但这一切都是有了值得信赖的员工和团队才能做到的，对此我深表感激。要建立起这样的关系，领导者要把握每位员工擅长和不擅长的事情。最重要的是，要把各自擅长的领域交给他们去处理。换言之，领导者不需要成为一个全能的人。

最后，为了让自己也能有所成长，我将在今后的工作中持续关注时代的变化，抓住客户的需求，不断地依赖和感谢我的工作伙伴。

你是谁？

*

我是一位热爱美甲的美甲师，也是一位想把喜欢的事情转化为实际行动的女社长，还是一位想把喜欢的事情传授给他人的美甲讲师。

因为想开设符合时代潮流的美甲沙龙，所以我开了深夜美甲沙龙和能带宠物去的美甲沙龙。而现在，为了治愈人们疲惫的心灵，我还开了一家以石蜡热疗为卖点的“spa 美甲沙龙”。

在任何时代，我都希望自己能创造出满足女性需求的美甲沙龙。

*

小林虹子：从啃老族成为社长、偶像

人生就是不断试错的过程。即使失败了也会成为改变未来的原动力。

小林虹子

妮可股份有限公司（Niko）董事长、“糖果”偶像组合（CANDYS）成员

1996 年出生于北海道。在风险投资企业工作 4 年后，她下定决心要打造一个支持偶像第二职业的地方，于是在 23 岁辞职。经历了挫折，走过低谷期后，她终于从啃老族成长为社长。现在，她在札幌经营着“糖果”（Candy）小酒馆和瘦脸美容沙龙，同时以个人身份作为婚庆模特和“糖果”偶像组合成员在日本各地从事演艺活动。

小林虹子

日程表

时间	内容
06:00	起床、事务性工作
08:00	在社交平台上发表内容、为接下来的工作做准备
10:00	出门、在路上看偶像视频
11:00	美容沙龙开门
13:00	开会、培训等
16:00	为小酒馆采购食材
17:00	小酒馆开门
22:00	聚餐等
00:00	回家、洗澡、读书、上网等
02:00	睡觉

与改变人生的偶像相遇

初三那年的冬天，我正值面临升学选择的高中考试季，但我却只想做一个啃老族。当时的我只有 15 岁，因为没有梦想而感到绝望。我没有任何长处，朋友也少，我相信自己如果去一所偏差值[①]高的学校，一定能找到梦想。我坚信这一点，所以向比自己的学习水平稍高的高中提交了申请书，每天都在努力准备考试。就在那期间的某一天，我邂逅了改变人生的契机。

我永远不会忘记，那是 2010 年 12 月 30 日。当时我在学习自己很不擅长的数学，学累了便打开客厅的电视想歇一下，画面上出现的是某新人偶像组合在唱片大奖上获得最优秀新人奖的瞬间。“太可爱了！”我至今依然记得当时那种强烈的冲击感。15 岁的我一心只顾着备考，但在那天之后我渐渐被偶像的魅力所吸引，不久便确立了“我想见偶像！想做和偶像有关的工作！”的目标。

后来，我考上了第一志愿的高中，也结识了更多一起去参加

---

① 偏差值：指相对平均值的偏差数值，是日本人对于学生智力、学力的一项计算公式值。偏差值反映的是每个人在所有考生中的水准顺位。在日本，偏差值被看作学习水平的正确反映，所以它也就理所当然地成为评价学生学习能力的标准。——译者注

偶像演唱会和握手会的伙伴，彻底走上了偶像宅[1]的道路。同时我对演艺界也很有兴趣，从 17 岁开始连续两年担任北海道日本火腿斗士队[2]的啦啦队队长“斗士女孩”。另外，19 岁时我也尝试过参加偶像甄选，但在终选中落败。

尽管如此，我想从事与偶像相关工作的目标仍然没有改变。大学时期，我一直在做与偶像相关的活动策划和幕后工作。在与现役偶像和已经毕业的前偶像女孩们相处的过程中，我了解到她们都有一个共同的烦恼，那就是关于她们从偶像团体毕业后的第二职业。

第二职业是指“人生中的第二职业”，通常是指职员退休后的职业、运动员退役后的职业以及女性生孩子后回归社会的职业等。很多粉丝都希望自己喜欢的偶像们能够尽可能长时间地活跃在幕前，但这只是理想，大多数情况下并不能真正实现。

社会上普遍认为，就偶像这份工作而言，不年轻就不能再继续活动了。女孩子们感受到了年龄的壁垒，他们通常会在 22 岁、23 岁就从偶像团体毕业，这几乎已经成了这个行业的潜规则。然而，事务所并不会为她们从偶像团体毕业后的人生负责。没有学

---

① 偶像宅：指痴迷于享受日式偶像娱乐团体的人，可以说是日版的追星族。但偶像宅一般围绕女性偶像团体活动，并且从生活习惯来看更接近于御宅族。——译者注

② 火腿斗士队：一支隶属日本职业棒球太平洋联盟的球队，已拿过两次日本大赛的冠军。——译者注

历和其他工作经历，顶着前偶像头衔的女孩子们很难在一般企业就职。现实情况是，她们中的很多人会去打工或者进入夜店工作。

有很多女孩子无法忘记自己当初在舞台上闪闪发光的情景，在社会上找不到自己想做的事，面对现实与理想之间的落差，迷失在街头，对未来充满不安。我强烈地希望能够创造一个舞台，能够让她们不用因为年龄和环境的限制而放弃当偶像，并且在毕业后也能再次闪耀。

“创造出不受年龄和环境的限制，无论多少岁都能持续挑战的世界”，这是我想要实现的永恒主题。为了支持前偶像们的第二职业，我希望能开一家带舞台的咖啡店和酒吧，能够让偶像们在上面表演。

为了追梦来到东京，却成了“家里蹲”

大学毕业后我在札幌的一家广告公司工作，过着稳定的上班族生活。我在公司成立了活动事业部，负责人才管理、咨询等各种业务，收入也很稳定。我认为这是很难得的工作环境，每天的工作都非常充实。那段时间我从来没有为工作环境和人际关系烦恼过，可以说那时候我的人生一帆风顺。

过着这样安稳顺利的人生，想要实现的梦想却在我脑海中挥之不去，那就是“在札幌打造一个让前偶像们可以再次闪耀的、有舞台的咖啡店和酒吧”。当时的我既没有在餐厅工作的经验，也不会计算经营所需的资金。没有太多知识和经验的我被别人嘲笑“你的想法是不现实的”。我吃了很多闭门羹，被说“你的生意不可能做起来”。当时我才 22 岁，无力反驳别人的话，自己也会感到失落，心想“也许我无法实现这个梦想吧”。

那个时候，只有一个人肯定和认可我的梦想，他就是搞笑艺人兼绘本作家的金刚二人组成员西野亮广[①]。在一场名为“西野亮广娱乐研究所”的在线沙龙活动中，我去见了西野亮广，鼓起勇气告诉了他我的梦想。

西野亮广鼓励我说：“第二职业的想法很有意思，最好马上付诸行动！”当时周围人都嘲笑我不可能做到，是西野亮广的话给了我支持和勇气，这比什么都让我高兴。之后，我的人生有了很大的转变。

在西野亮广的支持下，我下定决心立刻就去做。为了在秋叶原的概念咖啡馆进行为期半年的学习，我决定辞去稳定的工作来到东京。我进入了东京的一家公司，这家公司鼓励我说：“我们支持你实现梦想。”

然而，来到东京后不久，我就发现自己上当受骗了。容易轻信他人的我被无情的言行所伤害，知道了有些人的可怕，明白了

① 西野亮广：日本男演员，毕业于兵库县立川西绿台高校，曾出演电影《无家可归的中学生》等作品。——译者注

他们只会利用有梦想的年轻人。我对这样的剥削社会感到绝望，内心很受伤，仅仅一个月就从东京的公司辞职了。与此同时，我也彻底放弃了在札幌开一家为前偶像提供工作的咖啡店和酒吧的梦想。与我原以为的一帆风顺的人生相反，那时我没有工作，没有收入，失去了梦想和希望，前途一片黯淡。那段时间我突然变得很不安，陷入了自我厌恶的每一天。我在没有朋友的东京过着“家里蹲”的生活，体会到了巨大的挫折和痛苦，至今我都认为那是自己人生的最低谷。

西野亮广娱乐研究所的伙伴把闭门不出的我拉出了家门，跟我说：“我们去喝一杯吧。”他们带我去了遍布全国的“糖果”小酒馆，一个“大家一起谈论梦想的地方”。我在那里遇到的每个人都不会否定他人，大家互相支持着彼此的梦想，脸上都洋溢着笑容。

我受伤的内心也慢慢变得积极起来，渐渐地，我产生了“我也想在札幌创造一个能给予他人支持和鼓励的美好空间”的想法。当然，因为经历过一次挫折，我也会感到害怕，心想“要是再失败怎么办，也许这次真的会一蹶不振”。然而，在这个拥有梦想就会被嘲笑、大声说话就会被打击的时代，西野亮广和他的伙伴们仍然仰望星空，勇敢地继续挑战。我从他们身上获得了勇气，决定再次向梦想发起挑战：“我要在札幌开一家‘糖果’小酒馆！”

小林虹子

经历过挫折的过去是走向未来的动力

2020 年 2 月 5 日，23 岁的我在什么都不懂的情况下创办了公司。公司名称是妮可股份有限公司，我成了挂名董事长。然后我顺势在社交网络上宣布“100 天之内，我要在薄野[①]开‘糖果’小酒馆札幌店”。这场百日挑战得到了很多人的关注和支持。但是，我并没有做餐饮的经验。自己没有开过店，也没有人脉和钱，完全是个门外汉。也有人担心地说：“100 天内真的来得及吗？”但经历过一次低谷的我只能硬着头皮往前冲。

为了募集开业资金，我立即发起了众筹，最终获得了来自 359 位朋友的 380 万日元的支持。为了按时开张，我每天都在四处奔波，忙着签约、购买备品、装修、手工制作、卖票，等等，终于在 100 天内做好了开店准备。“赶上了！这次一定要顺利！”就在我这么想的时候，新冠疫情来袭，政府发布紧急事态宣言，要求各店铺停业。所以，我的店不能开业了。我每天都在网上看到负面新闻，为前所未有的疫情而感到不安。在此期间，我连出门一步都很困难。疫情看不到头，“糖果”的开业被无限期延后。24 岁的我背上了债务，一想到痛苦不堪的未来，我就感到害怕和绝望。我觉得自己的人生无论做什么都不顺利，索性开启了破罐

① 薄野：北海道札幌市的街区，是日本数一数二的繁华街区之一。——译者注

破摔模式。

周围人都很担心地跟我说："我觉得现在最好还是不要开餐饮店。"我也认真考虑过要不要把店铺完工，把房子解约，众筹的资金也全部退了，就当一切都没有发生过。

就在我犹豫要不要就此放弃的时候，一位朋友的无心之言让我茅塞顿开。他说："我认为今后社会的分水岭在于，是把随身携带的箱子当成累赘还是武器。"我终于明白了。一直以来，我都把因为疫情而无法营业却要产生房租的房子当成了"累赘"，但其实不是这样的。我想，当疫情平息，线下生活重启之时，这个能让大家聚集在一起的房子一定会变成"武器"。

不要寻找放弃的理由、做不到的理由，只需要考虑怎样才能做到。就这样，我转变了想法。为了支付房租，我发起了"限定100人一对一在线喝酒"的活动，通过和日本各地的朋友在线喝酒提高了销售额，度过了不能开门营业的时期。

虽然这可能是一种效率很低的无奈之举，但2020年6月"糖果"小酒馆札幌店开业时，参加过线上喝酒活动的朋友们纷纷从东京、冲绳等地赶来为我祝贺。直到现在，他们也会常到札幌来找我玩。虽然绕了很远的路，但人生没有白费的事，现在的我更加坚信这一点。

人生在世，难免会发生意料之外的事。在偶像甄选中落败的我居然在24岁时作为偶像在舞台上出道了！我作为诞生于"糖果"小酒馆札幌店的自产偶像组合"糖果"的初期成员展开活动。而且，我还举办了后期成员甄选会，应征条件就只有“经历过挫折”这一条。

现在，包括新成员在内，经历过挫折的成员们作为“成人偶像”，以札幌为据点，在大阪、姬路①、香川②、仙台、静冈等地进行现场表演。

向偶像学习今后女性的生活方式

据说现在日本约有 1 万名偶像，偶像团体的数量和团员的人数都在持续增加。现在，我既是小酒馆的老板，又是公司代表，同时还以“社长偶像”的身份参加各种活动。我认为当今时代，当偶像的挑战门槛降低了很多，只要顶着“我是偶像！”的头衔展开活动，就可以成为偶像。

不过，也有人说偶像是有保质期的。在 22 ~ 23 岁，也就是在普通人的人生刚刚开始的时候，大部分当偶像的女孩子都会放弃自己喜欢的偶像工作。放弃的主要理由如下（来源于真实的前偶像的心声）：

---

① 姬路（Himeji）：位于日本本州岛西部，兵库县西南部。这是座拥有悠久历史底蕴的古都，日本国宝、世界文化遗产及日本名城之一的姬路城就坐落于此。——编者注

② 香川：位于日本四国岛东北部的县，一级行政区，属于日本地域中的四国地方。——编者注

· 社会上普遍认为偶像不年轻就不能再开展活动了。周围人都工作了，也差不多该重新审视自己的前途了。

· 光靠偶像的收入无法维持生活。因为钱的问题，想坚持也坚持不下去。

· 想恋爱想结婚。

的确，日本偶像给人的印象大多是 20 岁出头，收入无限接近于零，甚至还会因为路费等增加支出。因为她们要训练和表演，所以很难兼顾一般的打工和工作，生活难以为继，恋爱和结婚就更不在她们的考虑范围之内了。

在这样的背景下，受到年龄、金钱、环境的限制，偶像们即使想继续活动也无法长期地持续下去，这就是偶像行业的现状。偶像们也很难开展第二职业，她们从事务所毕业的第二天开始就必须靠自己的双脚走下去。然而，因为没有学历和工作经验，她们很难被一般企业录用，只能在茫然无措中摸索下一步。而我想做的，就是颠覆和打破这个偶像行业的常规。

偶像组合“糖果”集结了经历过失败和挫折的人，成员的平均年龄为 25 岁。作为偶像团体我们的年纪偏大，有的成员还一边带孩子一边开展偶像活动。此外，我们也没有禁止恋爱和结婚的规定。

“不受年龄和环境的限制，无论到了多少岁，都可以继续站在舞台上为大家表演。我们想通过这样的方式来倡导生活方式的多样性，支持所有有梦想的人！”我们抱着这样的想法展开活动。

可以说，这是一个不拘一格、打破常规的特别的团体。

现在，妮可公司的企业理念是“直面环境、人、勇气、金钱和时间的问题，创造一个让大家在任何年纪都可以接受挑战的未来”。

我的美容事业也遵循了这一理念。目前，我经营着由现役偶像担任店员的瘦脸美容沙龙“瘦脸工厂北条店”。4 名员工中的两人作为“糖果”的成员一边从事偶像活动一边在沙龙工作。她们的笑容和待客礼仪真的很棒，可以说是把做偶像的经验活用在了沙龙的工作上。店内有带全身镜的训练室，她们可以在上班前练舞。排班时也会优先考虑她们的训练和表演，以避免时间冲突。我为这些女孩子创造出了一个偶像活动和工作两不耽误的环境。

但我认为，通过聘用偶像来给她们工作，为她们创造稳定的收入，虽然可以让她们获得安心感，但并不能在真正意义上为她们的第二职业做准备。我想我们有必要提供相应的教育环境和支持，让这些偶像能够不依赖事务所、团体和职场，成为靠自己的双脚坚定地走下去的独立女性。

我们公司不仅会对她们进行美容技术和待客服务方面的培训，还会创造机会让她们学习思维模式和未来经济的相关内容，告诉她们学习理财的重要性。今后，偶像自己也要学习资产积累和投资等知识，毕竟人要实现真正的梦想，就要培养“自己的钱自己赚，自己理财很重要”的意识。我认为这样才会拥有无限的可能性。

不要因为年纪、金钱、环境的限制而放弃，不管多少岁都要向梦想发起挑战，唯有如此，偶像的第二职业生涯才会变得更加丰富。这是我真正的愿望。我们将通过妮可公司的美容事业来继续支持这些偶像女孩们的现在和未来。

最后，请允许经历过挫折，从“家里蹲”成为社长和偶像的我对所有感到生活艰辛的女孩子说一些话：

你是否也很在意面子，甚至因此隐藏了自己的真实想法，转而看别人的脸色行事？是否也会因为年龄、金钱、环境的限制而放弃自己想做的事情？你是否会因为害怕失败而从一开始就放弃挑战？

与年龄无关，每个人的人生都是反复试错的过程。这个世界上的许多事都不存在标准答案，即使失败了，这些经历也会成为你改变未来的动力。一次又一次做梦，一次又一次梦想破灭，一次又一次继续向梦想发起挑战，只有这样人才会变得强大起来。如果你只是维持现状而不去发起挑战，你才会后悔一辈子。“因为是女性所以做不到”“因为有孩子所以必须放弃”“因为不年轻了，所以现在做已经晚了”，请抛弃这些世俗观念，重新面对自己内心的真实感受。我们可以选择自己想过什么样的生活。我认为，只有女性不放弃自己的喜好，活出自我，面带笑容、充满活力地生活，这样的社会才能照亮日本的未来。

我衷心希望这本书能为你未来的生活带来希望，也祝愿你梦想成真。我会为你加油，同时我自己也会好好努力，永不言败！

小林虹子

你是谁？

我是支持偶像第二职业的“社长偶像”。

为了实现“无论多少岁都不放弃自己的喜好，能够持续挑战的未来”，我在经营公司的同时作为现役偶像开展活动。

我希望这本书能成为女性面带笑容、充满活力地迈向社会的第一步。

坂本规久子：成立令人兴奋的民间学童托管班

孩提时代我遇到了各种各样的大人，并经常与他们进行交流。这样的经历是我想要培养孩子的多样性，让他们多和不同的大人接触的源泉，因为我小时候总是会把那些不能对父母说出口的烦恼跟爷爷奶奶还有邻居家的哥哥姐姐讲。

坂本规久子

民间学童托管班“未培”创始人

多世代交流型学蜡空间（LEARNING SPACE CANDLE）公司的代表

1975 年出生于福冈县。从福冈县立明善高中毕业后升入宫崎大学农学部。在校期间，她对于农业也将迈入信息化时代这一事实产生了兴趣，并在毕业后进入了一家编程公司。后因为结婚的缘故辞职，移居北九州，跳槽进入旅行社工作。从此她工作育儿两手抓，一干就是 12 年。她在 40 岁时患乳腺癌，在癌症治疗期间回顾人生，并下定决心“要活用自己的经验，做一份能帮助他人，让他人感到兴奋的工作”。她在 43 岁时创办了北九州为数不多的学童托管班。并于一年后在托管班附近打造了一个免费的学习空间，致力于让当地的儿童、成人和老年人能够在一起进行交流。现在该托管班非常受欢迎，已经成为一个需要等待有人取消才能空出名额的托管班。

日程表

时间	内容
06:00	起床、做便当、做早餐
07:00	送上高中的儿子出门
07:30	吃早餐、打扫卫生、洗衣服、提前准备晚餐
09:30	上班
10:00	和学童监护人联系、打扫学童托管班，为孩子们的到来做准备
12:00	吃午餐
14:00	迎接孩子们、采购学童用品、做事务性工作等
18:00	送孩子们离开（最晚到 20:00）、打扫、准备第二天的工作
19:00	下班、购物、做晚餐
20:00	吃晚餐、洗澡、做一些感兴趣的事
23:00	睡觉

勾勒梦想的轮廓

儿子上幼儿园时，我作为单亲妈妈一边工作一边照顾孩子。因为离婚后也要继续工作，所以我决定生活在北九州。但眼看着儿子就要上小学了，我很发愁如何安排他放学后的时间。我了解到关东和关西地区有一些新开设的学童托管班，而且提供的内容非常丰富。我想，要是家附近也有这样的学童托管班就好了，于是就去附近找了一下，但是很遗憾，北九州地区还没有这样的地方。

无奈之下，我只得跟儿子商量，问他要不要去学校设立的学童托管班，结果他说："我不喜欢从早到晚都只能待在学校里。"那时候我遇到了现在的先生，和他再婚。由于先生是个体户，可以抽时间陪儿子，所以儿子放学后的去向问题也就解决了。

话虽如此，但我先生的工作也很忙，不可能一直陪着儿子。我也是一名公司职员，有时候下班很晚，一回家就很严厉地对儿子说："快去做作业！"这样的生活既不能接送孩子上下学，也不能做到育儿和工作两不误，我为此十分苦闷。

就在那时我发现自己得了乳腺癌，面对死亡，我开始思考人生的意义，也就是想要实现的梦想。"我真正想做的是什么？"思考这个问题的时候，我想起了自己做单亲母亲的时候想过的事情：要是有能让儿子喜欢的学童托管班就好了。

坂本规久子

我想着“虽然当初自己没能为儿子做这件事，但那时候我和儿子都需要的东西，一定也是今后大家所需要的吧。难道不可以把这个当成自己的工作吗？”，在那一刻，我感觉自己找到了梦想。

我学生时代做过家庭教师、补习班教师、工作后也教过小朋友电脑课，对和孩子相处很有自信，但是运营学童托管班就又是另一回事了。我不知道从何下手，完全是在黑暗中摸索。于是，我决定参加由本地商会举办的创业培训班，学习创业知识。

正是这个决定给我的事业带来了重大转机。培训班聚集了一群刚开始创业的人们，是一个大家一起商量事情的场所。在那里我们可以从零开始学习创业的思想准备、制作计划书的方法、募集资金的方法等。创业后也能得到专家的建议，参与者们也会分享各自的烦恼和想了解的内容。

参加过几次培训班后，我渐渐结识了一些可以互相帮助的伙伴，这也成了我解决问题的开端。与目的不同但同样立志创业的人们的相遇给了我力量，我的梦想一点点变成了现实。

一直以来，我都只知道自己作为一名公司职员的职责，一想到这样的我将来会成为一名经营者我就激动不已。

随着理想中的事情一件件地稳步推进，我的梦想不再是梦想，而是成了具体的目标，并且在一天天慢慢实现。

乳腺癌让我意识到了生与死

大约 15 年前，我还是旅行社的职员。那时候孩子还很小，我每天忙于眼前的事情，根本无暇顾及身边的人。

当时，社会上正流行自我启发，我所在的旅行社为了提高服务质量，也开始引入服务礼仪。我从中学到了“站在对方的立场上思考”的思维方式。在学习这一点的过程中，我发现了一件事，那就是“我以为我是站在对方立场上思考的，但其实只不过是自我满足”。当我意识到“站在对方的立场上思考”的重要性时，内心受到了很大的冲击。而这种觉察成了自我改革的第一步，也为我今后的创业奠定了基础。

然而，我的个人生活依然很辛苦，这个残酷的现实并没有任何改变。我经历了“离婚→单亲妈妈→再婚”的起伏人生。更可怕的是，我突然生病了。我得了乳腺癌。虽然我原本就有的积极心态让我不至于太绝望，但之前一直在做的一切都戛然而止了。我经历了很痛苦的事，比如手术、化疗等。但也因为有了时间，我得以沉下心来面对自我。现在我能出现在这里，多亏了周围人的支持。这段时间我真正意义上感受到了“难得 = 稀有到难以拥有”。

另外，患上乳腺癌后，我也真切感受到了自己有一天终将死去的事实。然后我开始很认真地想，我到底能在这个世界上留下什么呢？我做过什么对他人有用的事吗？待乳腺癌治疗结束，身体恢复健康后，我强烈地想要用自己的经验为他人做一些力所能及的事。

虽然生病给我带来了很多痛苦，但直面死亡的过程让我找到了活着的意义。也就是说，患乳腺癌的经历给了我一个契机，让我直面人生，找到活着的意义并继续前行。

兴奋感驱动人生

战胜乳腺癌后，我找到了一个梦想，那就是经营民间学童托管班，一个以“为他人着想的服务”和“为孩子们营造每天充满期待、快乐生活的场所”为理念的民间学童托管班……想到这里，我的兴奋感就难以抑制。

我花了很多时间调查了日本各地的民间学童托管班，搜集了大量信息。公立托管班做不到的事情，民间机构可以做到。我想，如果有一家为孩子提供无微不至服务的学童托管班，应该会很受欢迎。比如“去学校接孩子”“督促孩子完成作业”“可以为孩子在长假期间提供不含添加剂的放心手工午餐”“在托管班期间有专门的老师辅导学习”等，托管班既满足了父母的需求，孩子们又能在这里认识更多朋友和老师，可以自由玩耍。如果有这种形式的学童托管班，家长们肯定愿意把孩子送过来。

我想打造一个家长和孩子都喜欢的学童托管班。我一心抱着这样的想法，朝着开业的方向努力。当我大致完成了创业计划，也下定了决心之后，便向家人坦白了自己的想法。当时我内心非常忐忑，觉得可能会被反对。没想到他们很爽快地同意了，跟我说："做自己想做的事就好了。"

没有家人的理解和帮助我是无法顺利开业的，所以我真的很感谢我的家人，他们什么都没有说，却一直在背后默默支持着我。在家人和周围人的帮助下，我创业的脚步一下子就加快了。我将学童托管班命名为"未培"，寓意是培养孩子的未来。

我向旅行社提交了辞职信，一边交接工作一边到处找可以租来用作学童托管班的房子。同时，我还要制作筹集资金的计划书以及参加房子装修的碰头会。

虽说是为了追求自己的梦想，但时间再多也不够用。时间紧迫，各种文件的办理时间都很紧张，有时还要承担风险。这样的事情持续不断，有时候我甚至想说丧气话："还不如不做这个，每天起码能过安稳的日子。"但是，"想做一些让他人开心的工作"的想法还是占了上风。我在附近的托儿所、幼儿园和公寓投放传单，做了一些自己并不擅长的推销工作。

虽然我对我们的服务内容很有信心，但在北九州，学童托管班还是个新鲜事物，大家能接受吗？对此我充满了不安。然而，和我的不安相反，学童托管班在开业第 4 年就达到了定员（60 人），甚至到了需要等待有人取消报名才能空出名额的程度。看到这样的情况，我终于重新体会到了被需要的感觉。

患乳腺癌后，我找到了人生的梦想。而且，我不再只希望得到帮助，而是有了想要为他人提供帮助的强烈愿望。我想，自己之所以会有这样的转变，都是因为身边这些理解我、关心我的人。

成为大人后我切身体会到了想做的事情与时间和年龄无关，所以我希望孩子们能拥有更多快乐体验。为此，孩子们需要结识更多的人。在我的学童托管班里，有很多有着各种经验的成年人进出。现在未培托管班的孩子们也被很多人支持着，在成长的过程中接收到各种各样的信息。通过这样的连接，我得到了更多的“兴奋感”。

打造一个人与人之间相互连接的空间

我真切地感受到，长大后的际遇和经历对自己的人生有很大的改变。同时，我希望孩子们在成长的过程中能够接触到不同年代的人，接受多样化的价值观和文化，培养与周围人合作解决问题的能力。我想为他们创造这样的环境。

在现在的学校教育制度下，跨世代交流的机会很少。孩子和成年人的交流也局限在父母、学校老师和辅导老师等固定的群体中。

我的学童托管班希望可以超越这个范畴，为孩子们营造能够在日常生活中接触到更多人的环境。我们接收了来自不同小学的孩子们，这里还有像妈妈一样温暖的老师。此外，我们还会请大学生、人生经验丰富的长者、海外留学生等各种人生前辈来充当孩子们的“老师”。孩子们被很多人守护，接受各种各样的爱，内心就会变得丰盈，找到自己的梦想并拥有实现它的底气。

正是这种重视人与人之间的联系的想法，让我在决定创办民间学童托管班后又灵光一闪，想到要创造一个能够让不同世代相互交流的场所。这个灵感来源于儿子的成长。

当时儿子是正处于叛逆期的高中生。为了和儿子多相处，我邀请他空闲的时候去学童托管班和孩子们一起玩，没想到他和孩子们玩得很开心，孩子们也都很喜欢他。看到儿子的样子我很欣慰，原来被人喜欢和被人需要这件事能让他如此闪光。由此，我也深切体会到了有一个能让人与人之间产生连接的场所的重要性。

我希望能够打造一个这样的空间：这里有各种各样的成年人和孩子们相处，和他们一起玩耍，大家一起守护孩子们的成长。有时，成年人还能从孩子那里得到启发。后来我在学童托管班旁边开设了“学习空间”，将这一想法变成了现实。初中以上的学生只要是出于学习目的都可以免费使用这个学习空间。学习并不只是从书本中得到知识，也包括向前辈学习。同时，前辈们也可以学习如何向后辈展示自己的风采，交流不同年代的人的意见和想法。我想大家有很多可以彼此学习的东西。

我希望我们成年人能提供这样的场所，制造不同世代之间的邂逅，扩大互助圈，让不同世代之间的交流能够持续下去。

坂本规久子

孩子们从学童托管班毕业后也能够再回到这里，和当地的初中生、高中生一起成长，即使成为大人后也能带着轻松的心情过来，在这里结识朋友，与不同的人产生连接。这是一个大家相互支持、相互帮助的社区，孩子们的笑容才是我们真正需要的东西。现在，我的心又再次激动了起来。

你是谁？

我是一位企业家，管理着一个以育儿为支柱的社区。

我非常喜欢“人”。本着“每个人都有优秀的地方”的信念，我很重视人与人之间的连接。

我运营着一个社区，让肩负未来的孩子们和成年人在互相帮助的同时也能互相交流。我在人生的十字路口发现了自己的人生价值——社区运营。

我有一个小小的愿望，那就是希望自己做的这件事也能关系到他人的人生价值。我的力量源泉就是那群让我获得“母亲”这个身份的孩子们，在此我再次感谢他们陪我走过波澜起伏的人生。我衷心希望他们能看着我的背影，找到自己喜欢的事情，尽情享受人生。

寺井惠衣：
有机咖啡馆经营者

把烦恼说给别人听，烦恼就会得到治愈。

寺井惠衣

“年轮小餐馆”老板

烹饪研究家 / 蔬菜侍酒师

1990年出生于大阪市。因为曾经受困于与父母的关系以及在职场的人际关系，于是开始学习心理学和量子力学。后来通过饮食了解社会问题和世界上发生的事情，沉浸于饮食相关的世界。她在29岁时开了一家主打有机蔬菜的“年轮小餐馆”，旨在向大家传达根据季节改变的饮食搭配，同时也作为厨师为客人提供有益身心的餐点。她秉持着“没有生病并不等于健康”的宗旨，以身心健康为目标，通过设计食物来为大家提供一个可以共享生活方式的场所。此外，她也是一位致力于经营的职场女性。

寺井惠衣

日程表

时间	内容
05:00	起床、做拉伸运动
06:30	吃早餐、梳妆。 做事务性工作、确认当天的日程安排
08:00	小餐馆日间营业（烹饪、供应、准备、 事务性工作）
16:00	采购、做事务性工作、打扫、休息
18:00	小餐馆晚间营业（烹饪、供应、准备、 事务性工作）
20:30	回家、吃晚餐、做事务性工作
01:00	睡觉

抱着“生而为人，我很抱歉”的心情挣扎生活的十几岁

十几岁的时候，我既不聪明也不擅长运动，对未来没有期待，更没有父母的信任。从高中入学考试失败开始，我就完全无法享受学生生活了。以父母为首的成年人们拼命想让不符合主流价值观的我变得“体面”。我觉得这很滑稽，打心底里瞧不起他们。

那时候我经常和年长的前辈们一起玩，但我虽然觉得自己这样很酷，内心却想摆脱这种状况。我认为赚钱是自己能在社会上生存的唯一理由，所以我把心思都放在兼职工作而非学习上，但兼职也不能长期持续下去，这就更加剧了我“自己是一个没有价值的人”的想法。

当时，我在日记里这样写道：“生而为人，我很抱歉。”现在回想起来，那时候的自己真是个忧心忡忡的可爱少女。也因为我当时眼里看到的世界很小，所以每天都在挣扎着生活。

时间一天天流逝着，我却看不到生活的希望。直到 17 岁那年，转机出现了。与某位朋友的相遇成为我改变未来人生的契机。这位朋友一直在给我肯定和鼓励，也因为这样，我开始觉得“活下去也不坏吧？这样的我，也许也可以就这样存在于这个世界上”。人一旦萌生了这样的想法，就会开始寻找自我，思考现在的自己能做的事，不断思考“如果今后能够坚强地活下去，我

应该做些什么呢”。

现在想来，我明白了，正是因为我面对自我时渴望改变，所以才会迎来转机。我想，是因为我放弃了寻找他人眼中的正确答案，开始从自己的角度出发，关注自身感受，寻找自己想做的事，我的状况才得以改变。但是，一旦决定开始工作的时候，我就会碰壁。当时，我被“靠自己喜欢的事赚钱”这句话所吸引，一直在寻找自己喜欢的事，但始终没有找到。我既没有喜欢的事情，也没有可以很自信地说出自己擅长的事情。

我决定转变思路，认为就算不是那么喜欢的事，如果能不厌其烦地坚持下去，也许也能做得很好。于是，我不再像之前一样寻找喜欢的事情，而是把目光转向那些即使不被他人要求自己也会主动去做的事情上。

当时我唯一能坚持做的事就是把自己做的料理上传到社交平台。虽说如此，但我并不擅长烹饪。我希望知道自己能做什么，所以毅然决定去餐厅的厨房打工试试。

人带着主观能动性去做一件事时，其吸收能力和做事的质量与没有主观能动性时相比会有质的差异。连我自己都感到惊讶的是，我能做的事情越来越多，并且对料理以外的领域也开始产生兴趣。也就是在那个时候，我开始参加与料理有关的研讨会和活动，加入各种志愿者队伍，变被动为主动，扩大自己可发挥的空间。在“分娩之家”，我和很多不同的人聊天。我接触到了各种各样的生活方式，也由此产生了“我也要过一个无悔的、热烈的人生”的想法。

此外，我还更多地学习了关于环境问题和社会问题的知识。我开始考虑为大家创造一个空间，在提供有机蔬菜和绿色饮食的同时也能让人感到身心愉悦。

通过发挥主观能动性，我自然而然地找到了自己想做的事。

转变思维方式和处事方式，人生会有大不同

人天生就会对不知道或者不了解的事物感到恐惧。面对恐惧时大胆地采取行动，这样就能克服恐惧，也能获得成长。例如，任何人在开始新事物的时候都可能遭到周围人的反对或否定。而如果等得到周围人的理解之后再去做，无疑是浪费时间和精力。我们开始做一件事的时候，能被他人理解固然很好，不被理解也没关系。我们不需要说服他人，只需要说服自己。

与其说服他人，不如说服自己。也许会后悔或者失败，但是，我们也要做好接受这些的心理准备。倾听沉睡在自己内心中的“想知道、想看、想听、想去、想做”的微小声音，然后将其付诸行动。

在做自己喜欢的事情时，一秒都不能浪费。也许有人会想：“那么，想做什么都可以吗？”的确，仅仅满足自我是不够的，因为我们是为了弥补自身的不足之处才去做某件事的。而且，为了满足自我而做的事情往往会在没有得到满足的情况下就结束了。

这样一来，人就会变得越来越喜欢索取。重要的是，要拥有自己和他人这两种视角。在此基础上再来思考如何做自己能做的事、想做的事。

完全不考虑如何取悦他人的服务是不可能被大众所接受的。反之，只关注他人需求的服务也是如此。他人和自己，双方所追求的东西往往是合拍的。

想到了什么就要立即付诸行动，但涉及的内容越多，人就越会束手束脚，很难迈开步子往前走。举一个例子，如果想开店的话，一般来说要做的事情的顺序是：在网上看房→有想实地去看的房子就打电话给中介→去现场看房→喜欢的话就咨询合同的相关问题→如有必要，就去银行贷款。

就像这样，我们可以把行动细分成很多步，一步一步向前推进。“开店”听起来是件大事，但如果像这样把一个个小小的行动累积起来，想必任何人都能做到。当然，在这个过程中难免会遇到困难。每当遇到困难，我都会想起“路上的岩石”这个故事，在这里我想把这个故事讲给大家听：

前进的道路上有一块岩石。看到岩石，有的人会想“这块岩石太麻烦了”，干脆放弃前行；有的人则会绕道而行；还有的人会说：“我想试试自己的能力，”然后想办法翻越过去。这个故事中的岩石就是“困难”。

面对岩石的态度因人而异。为出现的岩石（困难）赋予什么样的意义以及采取什么样的行动都取决于自己。还有，采取行动的时候请不要忘了享受当下。

请专注于自己的疑问和困惑，去问、去听、去探究、去请教，直到满意为止。我希望你不要随便应付疑问和困惑，因为发现并思考这些问题会让你习惯于有所质疑，这是锻炼想象力的捷径。

然后，我们还需要理解大脑的癖好，思考如何接近潜意识。大脑会认为重复的语言和行为是安全的。需要注意的一点是，潜意识不会识别主语。潜意识无法识别“我做不到”和“那个人做不到”之间的区别，会把它们统一纳入“做不到”的行列。所以我推荐的方法是试着改变口头禅，通过改变你的口头禅，现实情况将会发生改变。

减肥不成功、在公司的口碑没有提升、找不到对象、没钱、没工作，等等，如果你想改变这些状况，就从慢慢改变自我开始吧！

活用自己拥有的东西

我现在经营着一家以粗粮米、粗粮和黍砂糖[1]为原料的有益身心的小餐馆。在这个过程中，我意识到了要最大限度地活用自

① 黍砂糖：一种浅褐色的砂糖，含有丰富的膳食纤维、矿物质，具有独特风味。适用于煮物、点心的制作。——译者注

己所拥有的东西。

人要学会接受自己所面临的现状、所拥有的物品、所在的场所、所面对的考验和课题，思考如何才能灵活运用它们，如何才能变得更好。

当然，人只要活着，就会有烦恼和委屈的时候。遇到这种情况，要想办法跟对方说“感谢（或者多谢）”。如果能说出谢谢，就表明你已经消化了这件事，也证明自己成长了。无论如何都无法消化的时候，就把自己的烦恼讲给别人听。对值得信赖的人尽情倾诉自己的烦恼，博他们一笑。这里需要注意的是，你不要寻求对方的共鸣和安慰，关键是要把自己的烦恼用有趣的方式讲出来。

我以前也不擅长向他人倾诉自己的烦恼。但是，当我把一直烦恼痛苦的事情告诉朋友的时候，大家都大笑了起来。一开始我很不解，心想：“咦？大家为什么要笑呢？”但奇怪的是，当对方在笑的时候，我感觉自己的烦恼竟奇迹般地消失了。那一瞬间，我的伤口魔术般愈合了，心情也舒畅起来。也是从那个时候起，我发现“让别人笑一笑，烦恼就会飞到别的地方去”。

那些原本认为过分和不合理的事情，是因为觉得自己不应该被那样对待，把自己看得太重要了，所以才会产生这种感觉。在珍惜“自己很重要”这种想法的同时，也要适时向他人倾诉烦恼，让大家一笑置之。

每个人都是独一无二的存在。而且，每个人的寿命都有限，最终都会走向死亡。也就是说，我们每天都在向死而生。在有限的时间里，决定自己价值的不是别人，而是自己。

在今后的人生中，自己会做什么，想什么，采取什么样的行动，遇到什么样的人，回忆起什么，和谁一起笑，为什么而流泪……能够知道这一切的没有其他任何人，只有自己。

客观地审视自我，我发现自己每天都过得干劲十足、活力满满，从来没有倦怠过。如果我不断前行的姿态能为你带来正面影响，那就太好了。从今以后，我也不会忘记感谢和我产生过交集的很多人，我会继续一件一件地去做自己力所能及的事。

拿到这本书的你，如果找不到喜欢的事、想做的事，那么请你一定来一次我的小餐馆。请先放松下来，安心享用一顿美味的饭菜吧。

你是谁？

我不是为了成为某个人而活着的，我是这个世界上独一无二的存在。

我会自主选择当下应该做的事并采取积极行动，让自己朝着想去的方向前进。

我不是我以外的任何人。我接受并享受自己的人生。

中村理惠：培养近 900 名女性创业者

没有任何一位女性是没有价值的。每个人的价值早就存在于自己身上了，我们要尽早发现它。

中村理惠

某股份有限公司董事长

市场营销 / 品牌推广 / 公关公司经营者

主办、运营女性网络社区“W 习惯”（W habit）

1981 年出生于新潟县。24 岁从美国回国，先后在英语会话教室、化妆品公司担任销售和管理工作，34 岁开始自主创业。她以工作 8 年来学到的培训知识为基础，面向众多想创业的女性举办讲座，培养了近 900 名女性创业者。她抱着让所有女性都找到自己的价值，让更多女性活跃在社会上的愿景，于 2021 年创建了某门户网站型社区“W 习惯”。她向因结婚生子而在事业等各方面受到限制的女性传达了女性的坚强和价值，帮助她们选择以自己为人生主角的生活方式，同时实现对未来充满希望的工作方式。现在，她和丈夫、两岁的女儿以及一只小狗一起生活在日本的叶山町。

日程表

时间	内容
07:00	起床、为女儿做早餐、为女儿上幼儿园做准备工作
08:20	送女儿去幼儿园
09:00	查看客户邮件等
10:00	开会
12:00	吃午餐
13:00	讲座
16:00	接受咨询
18:00	去幼儿园接女儿
18:30	吃晚餐
20:00	带女儿洗澡
21:00	女儿睡觉后做一些白天无法完成的工作
23:00	睡觉

幸福创业，就是把喜欢的事作为工作

我从2015年年底开始创业，工作内容主要是为个体经营者和创业公司的经营者提供咨询服务，以及为产品和服务制定销售策略和做策划。此外，我在2021年创建了为女性提供新的生活方式和工作方式的新门户网站型社区“W习惯”。

“W习惯”中的W包含了Woman（女性）、Wife（妻子）、Work（工作）、Worth（价值）、Double（以收入2倍以上为目标，Double=W）的意思。任何身份的女性都可以发挥自己的价值，做自己喜欢的工作。我要做的就是传达这样的信息，为广大女性提出新的生活方式和工作方式。

创业之初，我全身心地投入工作，甚至无暇顾及周围的事情，但经过这几年，我觉得自己已经打下了基础。也因为这样，学生时代的朋友在社交网络上发现了我，她跟我说：“请告诉我怎样才能把喜欢的事情变成工作。”

以前，我在接受法人业务委托的时候，出于“无论如何都要做出成果”的强烈意愿，有一段时间甚至削减了休息和睡眠时间来工作。我没有办法对别人的要求说“不”，总想着只要坚持一下就能解决一切，不知不觉间为了工作牺牲了自己的身体。这样造成的结果是，我反复闪了好几次腰，有半年都处于无法正常走路的状态。

为什么会出现这样的情况呢？一开始我以为是由于自己身体管理不善和缺乏运动造成的，但我问了问朋友，她跟我说："你是不是无意识地做了自己不喜欢的事？"听她这样说，我回顾了一下自己的工作方式。

那个时候我问自己："我到底想要怎样的工作方式呢？我真正想做的事、喜欢的事是什么呢？"如果能只做自己想做的事，那么我想挑战什么事情呢？我每天都会把这些想法写在笔记本上。写下来之后我很惊讶，我发现自己现在的工作方式和理想中的工作方式不一样，而且我也没有把自己喜欢的事情作为工作。

即使拿到再多的钱，做自己内心不喜欢的事情也会导致身体不适。因为我亲身体会到了这一点，所以开始思考把喜欢的事作为工作重心的重要性。

从那以后，我开始认真考虑自己到底想做什么、想怎么做，以及怎样的工作方式才是最理想的。我决定重新把自己喜欢的事情——"怎样售出产品和服务"作为自己的工作。

这样做了之后，我的生活开始有了很大的起色。和以前不同，即使日程表上的日程排得满满的，我也不觉得辛苦。我接的项目也都是自己真心觉得不错的项目，而且也是让我感到兴奋的项目。结果，我的年收入翻了一番。当然，身体状况也不错。

对于喜欢的事，真的是每天做也不觉得苦。尽管有时候也会遇到困难，但这是工作不可避免的一部分。我实实在在地感觉到，正是因为喜欢所以我才能坚持下去。话虽如此，我想还是会有很多人认为把喜欢的事作为工作是很难的。我成长于一个很普通的家庭，过了大约 10 年的上班族生活，也没有什么过人的才能，34 岁的时候想自己做点什么事业，于是走上了创业之路。以此为契机，我得以成为现在的自己。

另外，也许有人会想，要把喜欢的事情作为工作，是不是需要庞大的资金？现在是社交网络如此普及的时代，它的好处就在于任何人都可以轻松地、免费地开始做一件事。

我以前也认为没有资金就不能创业，但是看到创业的前辈们在社交网络上发布创业相关的信息后，自己也跃跃欲试，然后就抱着轻松的心情开始创业了。由于诚实地朝着自己喜欢的方向前进，现在我正以自己认为最舒服的方式发展着自己的事业，而且年收入是当公司职员时的好几倍。

把喜欢的事作为工作，不是只有特别的人才能做到的，每个人都拥有平等的机会，接下来就看你的勇气了。对自己喜欢的事更加敏感，并允许自己把它作为工作，这应该是开始的第一步。

你喜欢的事是什么呢?

成功的关键在于行动

对没有把自己喜欢的事作为工作的人来说，为了实现这份“喜欢”而采取行动可能是一件很困难的事情。

实际上，有不少女性即便想试试看，也很难付诸行动，因为她们缺乏挑战的勇气。我认为这个问题大致可以分为心理问题和行动问题，它们很容易被认为是完全不同的两件事，但由于二者之间的深层联系，只解决其中任何一个方面，都可能无法真正解决问题。

话说回来，你听过潜意识和显意识这两个词吗？潜意识是指由于过去的经验在无意识中形成的价值观、价值方式、习惯、臆想等，其特征是自身很难察觉。显意识则是指能够指导自己的思维和行动的意识。它与潜意识不同，因为平时就能被人认识到，所以显意识可以控制自己的思维和行动。

然而，根据心理学等领域的研究，由于显意识只占整体意识的 5% 左右，所以人的思维和行动大部分都是由其余占 95% 的潜意识来控制的。因此，实际上即使你的头脑中有“想把喜欢的事情作为工作”的显意识，但潜意识中的其他想法也会阻碍你，导致你无法采取行动。

很多时候，潜意识里的想法和显意识里的想法之间存在差距，这阻碍了我们实现梦想、达成目标。那么，如何才能填补差距，让我们能够行动起来呢？方法就是像我开头说的那样，优先解决心理问题，这样就能逐渐行动起来。

还有一个词叫作“自我指导”（self coaching），它是说每个人都既是自己的老师，也是学员，一边承担着这两个角色，一边朝着目标前进。这意味着自己可以对自己进行指导，找到自己不能采取行动的原因，认清自己真正在思考的事情，然后采取必要的行动。

这会让我们意识到问题所在，然后想“试着那样做怎么样”“也许这样就能解决问题”。这种方法可以让我们认识到阻碍自己行动的心理问题并采取行动去解决问题，从而不断实现自己的梦想和目标。

另外，能够实现梦想和目标的人的特征之一就是“坦率”。当然，一个人要实现梦想和目标，要做的远不止于此。但只要不为自己在自我指导中发现的问题找借口，坦率地采取行动，就一定能靠近自己理想中的工作方式和生活方式。然而，坦率也是需要勇气的。只有克服了这道难关，我们才能获得命运的奖赏，实现梦想和目标。请大家一定要坦率地行动起来。

价值已经成为你的标配

迄今为止，我为约 900 名女性创业者和创业公司的经营者提供过咨询服务。在这个过程中我注意到，除了刚才讲的心理问题，她们身上还普遍出现了“自我价值感过低”的问题。

我在创业的那一年与先生相识并步入婚姻。之后，我辞去工作开始创业。究其原因，是我想珍惜和家人相处的时间。在女儿还没出生的时候，我在时间和金钱上都比较自由，把很多时间都花在了工作上。2019 年，我的女儿出生了，我一边带女儿一边工作，我的感受是“没有时间”“不能做喜欢的工作”“生活总是被什么东西限制着”。简单来说，就是感觉分配给工作和自己的时间不到以前的一半。不仅是我一个人，那些一边带孩子一边工作的女性也都有和我相同的感受。

我注意到，很多女性都有如下烦恼：“生了孩子就不能像以前那样工作了。所以，不可能把喜欢的事情作为工作。”“我已经放弃回归职场了。”“没有那么多属于自己的时间，觉得自己没有社会价值了。”

她们即使想回归职场也不能像以前那样工作了，因为要去幼儿园接孩子，所以必须缩短工作时间……想到这里，她们就会觉得自己已经没有什么社会价值了。但是，请你仔细想想，每个人应该都有很多能做到的事情。但如果消极的状况一直持续下去，人就会把注意力集中在这一点上，从而看不到自己的优点。

很多人认为自己只会照顾孩子，但其实这已经是非常了不起的事情了。更多地关注自己能做到的事和自己拥有的东西，就能感受到自己的美好。没有任何一位女性是没有价值的，价值早就是我们的标配了。如果你能重新认识到这一点，一切都会发生改变。

让每个人都活出自我

经历了结婚生子、育儿之后，我能说的就是“女性真的很了不起”。很多女性一旦生完孩子成为母亲，就会承担比以前更重要的角色，并且不可避免地把自己的事情往后排。

实际上我也是这样。育儿这件事没有正确答案，也没有终点。尤其是刚生完孩子的那段时间，我几乎 24 小时不间断地照顾孩子，自己的事情当然只能靠后处理了。

如果只有一个孩子，自己的私人时间可能会随着孩子长大而逐渐增加。但如果有两三个孩子，“自己的事情往后排”的生活就会持续将近 10 年。然后，不知不觉间，这些女性想的就不再是自己的人生，而是家人的人生，孩子的人生，主语就变了。

习惯了以他人为中心的生活后，这就会成为常态。而当女性的育儿工作告一段落，有时间考虑自己的时候，她们反而会感到不安，不知道自己到底想做什么。这样的情况也不在少数。我认为，女性才更应该认真生活，并且要对自己的人生充满野心。来找我咨询的女性中有七成以上是妈妈，其中一半以上都表示“育儿告一段落，想试着自己做点什么”。而且，由于她们长年以他人为中心生活着，这种思维习惯一时半会儿很难改变。想要挑战的心情和怀疑自己是否能行的心情混杂在一起，导致她们无法顺利前进，这样的女性占了绝大多数。

但是，请想一下。无论是学生时代的考试、就业考试，还是单身时代的工作、兴趣和学习等，我们每个人一定都有一段时间是完全忠实于自己“想做的事”和“想努力的事”。那个时候，你一定是专注于自己的愿望和快乐的吧？

当然，随着年纪的增长，为自己的生活留出一些空白，这也是可以理解的。但是，任何事情都是从迈出第一步开始的，这是实现愿望的前提。

话虽如此，即使列出了喜欢的事情，也会有很多人觉得“这个年纪才开始做，我能做到吗？”，于是就抱着这样的想法，迟迟不敢付诸行动。但是，我希望这种时候大家不要去想能不能做到，而是去思考如何才能做到。

寻找做不到的理由很简单。如果不朝着梦想和目标行动，就不会受伤，也不会失败。什么都不做反而更轻松。但是，如果你不想继续过着以他人为中心的生活，那就鼓起勇气向前一步吧。

实际上，我也听过很多女性说“尝试去做之后，发现出乎意料地顺利”“比想象中的要容易”。正因如此，我建议大家先在力所能及的范围内做自己想做的事情。做自己不习惯的事，难免会有失败。但是，我们应该逐渐意识到自己是能够做到自我调整，去思考如何使工作顺利进行的。

无论发生什么事，只要脑海中闪过“我可能做不到”的念头，就请果断地掐灭它。

任何时候你都可以实现自己的梦想。现在，试着认真对待自己的人生吧！只有你自己才能实现你的梦想。

你是谁？

*

我是一个把喜欢的事作为工作，培养当红女性企业家的人，同时我也是一位母亲。

女性往往会因为结婚生子而受到各种各样的限制。但我认为女性擅长处理多重任务，可以把从育儿以及迄今为止的人生中所获得的经验、价值观运用到工作中。

因此，我希望各位女性能把“喜欢”作为工作，过上育儿和工作都不放弃的人生。

*

二田雪绘：主持工作和芳香疗法店经营齐头并进

每个人生来就是有用的。每个人都可以发挥自己的作用，无论采取何种形式。没有任何一个人是没用的。

二田雪绘

Pre 芳香疗法店代表

芳香疗法讲师 / 自由主持人

1975 年出生于东京市。从四岁到小学三年级都在澳大利亚度过，熟悉香料植物。从东京学艺大学毕业后，进入秋田电视台担任主持人。她于 2001 年辞职，到东京成为自由主持人。在成为三个孩子的母亲后，她于 2013 年移居秋田，取得了日本芳香疗法协会（AEAJ）认定的芳香疗法讲师资格，并于四年后开了自己的芳香疗法店 Pre。除了经营芳香疗法店外，她还作为主持人活跃在“秋田早班机”等多个节目中。她于 2018 年荣获秋田县女性创业家大奖最高奖。她推出了用秋田杉精油制作的原创商品——混合精油“美人香”以及芳香环境洗涤剂“极致洗涤剂”。

日程表

时间	内容
05:00	起床、做 4 人份的便当、做家务、梳洗
07:00	送孩子们上学、整理房间、打扫庭院等
10:00	上班、接待客户、与客户和销售人员交谈。准备客户的邮购产品、利用空隙时间吃午餐
18:00	关店
18:30	去邮局邮寄客户选购的产品
19:00	去补习班接孩子
20:00	吃晚餐
21:00	整理、家庭时间
22:00	洗澡、做家务
23:00	睡觉

不会说日语的日本人

我出生于东京大田区。出生那天下着大雪，据说父亲听到我出生的消息后，穿着雪屐往外面跑，刚走出一步就看到一片银装素裹的景象。那一刻，之前已经想好的名字被全部否决，父亲决定给我取名为“雪绘”。

后来，在商社工作的父亲被调到海外工作，所以我在澳大利亚的布里斯班一直生活到小学三年级。澳大利亚阳光明媚的天气、当地人开朗热情的生活态度对我的性格产生了极大的影响。

因为父母都是积极乐观的性格，无论在什么地方都能应付得来，所以我很快就适应了异国的生活，每天都过得很开心。我几乎每周都会去黄金海岸，享受海水浴、钓鱼和海上活动。我还会抱考拉，喂袋鼠，和两个妹妹一起晒得黝黑，光着脚到处跑，过着在日本无法想象的自由日子。

现在回想起来，我想是因为父母以及我们姐妹的性格都比较大大咧咧，所以我们才能享受在澳大利亚的每一天。刚开始，除了精通英语的父亲，母亲和我们都不会说英语，母亲在一个什么都不懂的国家生下第三个孩子，我认为母亲的心理素质相当强大。我至今都还清楚地记得，她在购物的时候能够理直气壮地用一根食指来完成，她总是指着要买的东西说：“this one，and that one。”（要买这个，要买那个。）

在这样的环境中，我使用日语的机会越来越少，英语取代日语成为我的主要语言。在学校用英语，放学后也用英语，学习的东西，还有电视上也都是英语。从某种意义上来说，这也是没有办法的事情。我们在家里也开始用英语交流，渐渐地，家人用日语说话的机会越来越少。

小学三年级回国的时候，我虽然能听懂老师和朋友说的话，但是却不能很好地用日语来表达自己想说的内容。当时班上一个男生嘲笑我说："你明明是日本人，却不会说日语！"这句话成为改变我的契机。

它对我来说是一个冲击。"这样啊，日本人就必须会说日语啊！"我意识到这似乎是理所当然的事情，几天后我想：我要成为日语专家！

不知为何，我身上的叛逆精神让我这样做了。回想起来，我想成为主持人的契机就是这一句话吧。之后，我成为日语专家的目标就反映在了成为主持人的梦想上。于是，我开始向主持人的道路迈进。

要成为电视台主持人就必须从四年制大学毕业，为了考上理想的大学，高中最好就进入重点高中，为此初中就必须取得相应的成绩……我就像这样，一边从大致的愿景开始倒推，一边度过了学校生活。

经过一番努力，我考入了公办的四年制大学，大学时期还考上了由培养自由主持人的制作公司举办的主持培训班。出于实习需要，我参加了电视台的试镜，也很幸运地通过了。我在 NHK[1]教育频道（现在的 ETV）主持了两年的英语会话节目。

通过在电视台现场的实际工作，我愈发强烈地想要成为主持人。当时主持人的门槛就已经很高了，考主持人（尤其是女主持人）的竞争尤为激烈。在一群比我漂亮得多、身材好得多、自我展示也很出色的人中，我只能依靠毫无根据的自信来突出重围。

我向 44 家单位递交了申请，最终秋田电视台让我结束了漫长的求职之路。这期间有朋友中途放弃了当主持人，决定去其他企业就职。也有人问我要不要去考贸易公司或航空公司，但是我想到自己如果考上了那边的话，可能就会放弃主持人这条路，就断然拒绝了，继续参加地方电视台的考试。

我想周围的人看到我满眼血丝拼命努力的样子应该会很想跟我说“要不然就放弃吧”之类的话。我之所以这么说，是因为在大多数情况下，地方电视台的最终考试都在当地进行，应聘者的交通费需要自理。所以，我打工攒下的钱很快就花光了。我实在没办法，只得求助父母：“为了实现我的梦想，虽然很抱歉，但请你们帮我，让我有机会再努力一把。”好在父母非常支持我，对此我不胜感激。

一番辛苦后我终于入职了秋田电视台，并在那里受到了热情

① NHK：即日本广播协会。

的欢迎，也收获了很多缘分，甚至还认识了我丈夫。

作为一名 24 小时主持人，我主持过晚间的长时段节目、新闻、广告，还做过广播主持人和活动主持人，积累了丰富的主持经验。

令我印象格外深刻的是我主持过的一档名为《放大！！朝！》的节目。这档节目现在已经没有了，当时我在做这个节目时有很多艰苦的外景拍摄，每天都在经历以前没有经历过的事情。例如，为了拍摄鸟海山（横跨秋田县和山形县的秀峰）的绝景“影鸟海”，我曾在鸟海山的第 9 号山小屋[①]住了一个月左右。“影鸟海”是当朝阳升起时，鸟海山的影子倒映在日本海中的绝景。据说由于天气的关系，一年只能看到几次。因为那几次都集中在夏天的一个月里，所以我们必须在那里蹲点拍摄。

我们每天早上日出前从第 9 号山小屋爬到山顶等待日出，结果等了好多天都没有看到日出，大家每天都在重复念着“唉，今天也不行”。我们觉得已经没有希望了，在快要放弃的入山第 4 周，我们终于看到了日出，成功完成了拍摄。神秘的风景本身就让我感动，我至今还记得终于看到日出时的那种成就感。还有，终于可以下山了，终于可以洗澡了，当时各种情绪一下子涌上心头，我不禁在山顶大哭了一场。

---

① 山小屋：是一种建在山里的简陋设施，多用于林业工作者和登山者的住宿或休息。——译者注

另外，我还在冬天乘坐了捕叉牙鱼①的船到波涛汹涌的日本海捕鱼；坐在漂浮在池塘里的盆中采莼菜②；穿着雪套鞋爬4个小时的雪山挖温泉等，体验到了即使住在秋田也很难体验到的事情。

拍摄现场最让人头疼的问题是上厕所。不管是在船甲板上还是山路上，我都必须就地解决。在开放空间里光屁股，这对一个二十岁出头的女生来说简直就是酷刑。为了摆脱这种尴尬，我想了很久，最后用床单做了一个可以把脖子以下遮住的（有点像单人帐篷）东西，这样就可以在里面换衣服和上厕所了。

成为电视台主持人三年后，我有一种“自己在哪里都能活下去”的感觉。虽然工作如日中天，但随着知名度的提高，我的私生活也开始受到关注，让我感到拘束的事情也越来越多。

尤其是在小地方，电视上的人就在身边，这让大家都感觉很新奇。我家和我常去的店很快就被曝光了，我只是去超市买个东西，第二天节目组就会收到传真说“雪绘小姐昨天吃了咖喱吧”，因为大家看到了我放在收银台上的土豆、肉和咖喱酱。

这样的事情持续上演，再加上不习惯秋田冬天晒不到太阳的

---

① 叉牙鱼：毛齿鱼科海水鱼。全长约22cm。背侧为黄褐色，有黑褐色斑。可食用，栖于深海的泥沙底中。为日本秋田县、山形县的名产。——译者注

② 莼菜：睡莲科多年生水草植物。长于池沼中。茎叶有黏液包裹。叶椭圆形，浮于水面。夏季开深紫色花。嫩芽、嫩叶可食用。——译者注

天气，渐渐地我觉得很心累。除了工作，我不想见任何人，也不想出门，我的心就像秋田那总是挂着乌云的天空一样，变得灰蒙蒙的。尽管如此，上电视的时候我还是强撑着，把最好的一面展现出来，久而久之，我的心态越来越失衡。

那个时候，唯一能照亮我内心的就是植物的香味。因为不想出门，所以我在阳台上种了好几种蔬菜，还种了三十多种香草。我在家里点精油灯，小时候在澳大利亚熟悉的薰衣草和迷迭香的香气给了我出门的动力。

后来我才知道，人在觉得“好香啊”的时候会分泌“幸福荷尔蒙”（血清素等）。我也知道了，缺乏这种“幸福荷尔蒙”是导致人陷入抑郁状态的原因之一。也就是说，在阳光明媚的澳大利亚长大的我在日本冬天的半年里几乎没有见过太阳，导致幸福荷尔蒙分泌不足，陷入了抑郁状态，而香薰的气味终于让我恢复了精神。但当时我完全没有想到，这段经历竟然会和我后来开芳疗店有关。

开了一家芳香疗法店

进入公司后的第 5 年秋天，我从秋田电视台辞职了。辞职后我先回千叶的老家找到了在我学生时代帮助过我的经纪公司，迈出了成为自由主持人的第一步。

当然，一开始我并没有固定的工作，我一边在补习班做兼职讲师，一边做旁白、主持等工作来延续职业生涯。接下来的一年，我敲定了主持一个电视台和一个广播台的常规节目。从那时起，我在东京生活的13年里，常规节目从未间断过。

我在成为自由职业者的第5年，也就是31岁的时候生下了大儿子，之后又顺利生下两个女儿，4年半的时间里生了3个孩子。

后来我又因为丈夫的工作调动回到了秋田。放弃了手里的几个常规节目，放弃了离自己老家很近的舒适的都市生活去乡下生活，这对当时的我来说是完全无法想象的。但是，在经历了一年的异地生活后，为了一家人能在一起，我毅然决定带着孩子们移居秋田。令人欣慰的是，孩子们在这里茁壮成长，我也在不知不觉中被大自然的力量治愈了。

我虽然不能像在东京那样挣那么多钱，但因为有广播电台的工作，日子还算过得去。话虽如此，偶尔不安感来袭，心情变得不稳定的时候，还是香味帮了我的忙。

取得了芳香疗法讲师资格证后，我迫切地想把芳香的美妙传达给更多的人，哪怕就只多一个人也好。有一天，我坐在广播车上做节目的时候，看到了一块招租的牌子。就在那时，一道电流似的东西从天而降，噼里啪啦的，吓了我一跳，我赶紧下车查看。在那一瞬间，我突然觉得“就是这里”。也是从那一刻开始，一切都以令我难以置信的速度向前推进。我确信，这就是我回到秋田的理由。

到了2017年，我开了一家芳香疗法店，店名为Pre，取自“Power from the Earth（来自地球的力量）”。这句话的意思是，我们要从我们诞生的这个星球上汲取自然的力量，健康美丽地生活下去。

选项是自己定的，要选几个都可以

芳香疗法店顺利开张了，我在店内增设了咖啡厅，这也成了当地的热门话题。用芳香这种看不见的力量去关注自己的身体……能够有一个空间将这样的信息传达给大家，我真的感到很幸福。

我拥有从主持人到芳香疗法店经营者这一罕见的职业经历。在我看来，能够实现这样的梦想，是我选择了自己应该走的道路，并坚持走下去的结果。

等我回过头来才发现，我既是主持人，又是芳香疗法店老板，还是妻子、三个孩子的母亲……同时扮演着好几种角色。对我来说，这是在某种状态下再次做出新的选择，将可能的事情不断重复的结果，我并不是某一天突然变成这样的，而是自然而然地走到了现在，这一点毋庸置疑。

当然，我也有碰壁的时候。在这种时候，我就会提出新的选项和可能性，并有意识地把自己的想法告诉他人。开芳香疗法店的时候，我被问了很多次“要辞掉主持人的工作吗？”。我觉得很多人在开始做某件事的时候，潜意识里都会认为必须要放弃之前做的事情。

但是，为什么要辞职呢？我没有必要刻意放弃一项收入来源，而且主持人行业和销售行业、讲师行业有很多共通之处，兼顾这些事业有很大的好处。另外，在“传达某一事物的魅力”这一点上，主持人、销售员和讲师的作用都是差不多的。

尽管如此，日本社会还是有很多被迫做出选择的情况。有的公司不允许员工搞副业，有的公司要求女职员一旦结婚就要辞职。另外，很多女性在生完孩子后对是否继续工作表示为难。存在于我们周围的小社会的默认规则在不知不觉间会为我们带来危险，让我们“不得不做出某种选择”。

但是，选择是自由的。希望大家记住，没有人规定只能选一条路，你想选几条都可以。只要能想到可行的方法，就不要放弃那些你所拥有的，以及默默埋藏在心底的梦想。不妨给自己提供多个备选项，在你真正做选择的时候也不一定全部选项都要选。如果觉得选项太多，砍掉一部分就可以了。生活不用太复杂，怎么简单就怎么来。

如果你想离自己的梦想更近一步，首先试着把梦想告诉他人吧，用语言表达出来会使它更具象化。而且，把梦想告诉他人后，就会不可思议地出现一些对你说“我也和你有同样的梦想”或者“我想支持你的梦想”的人。

实际上，最早听说我想开店的朋友，在我开店时给了我很大的帮助。虽然选择道路并走下去的是我们自己，但我们也离不开周围人的帮助。我非常感谢我的父母、家人以及所有帮助过我的人。

人生只有一次，你的道路只能由你自己来创造。如果你能把每一个可能性都变成选项，开始走上自主选择的道路，那时候你一定会比现在感觉更幸福吧！

你是谁？

我是一名自由主持人，一家芳香疗法店的老板，同时也是一位妻子，一位母亲，一个渴望幸福的女人。

我想用看不见的“语言”和“芳香”对这个世界有所帮助。“语言”和“芳香”拥有不可估量的力量，作为它们的传播者，我希望全世界的人都能过上幸福快乐的生活。

保坂叶子：陪伴女性的美容师

人生就是寻找自我的旅程。如果每个人都能充分发扬自己的个性，那么社会将会成为更加美好的社会。

保坂叶子

美容院老板

1981年出生于山梨县。她从出生起就拥有敏锐的第六感，因对家里的气氛过于敏感，所以情绪不稳定。她从武藏野女子大学毕业后以美容师的身份进入大型全国连锁美容院工作，4年后因找不到自身的存在价值而自杀未遂。随后她回到山梨老家结婚。2013年她开办了一家美容院，次年发现丈夫欠债，第二次自杀未遂后，她于2019年离婚。她的美容院旨在分享女性在不同人生阶段身体状况的变化等，帮助女性针对肩周炎、头痛、产后胸部松弛等问题进行调理，成为很受欢迎的美容院。目前她经营着位于山梨和新宿的两家店铺。

保坂叶子

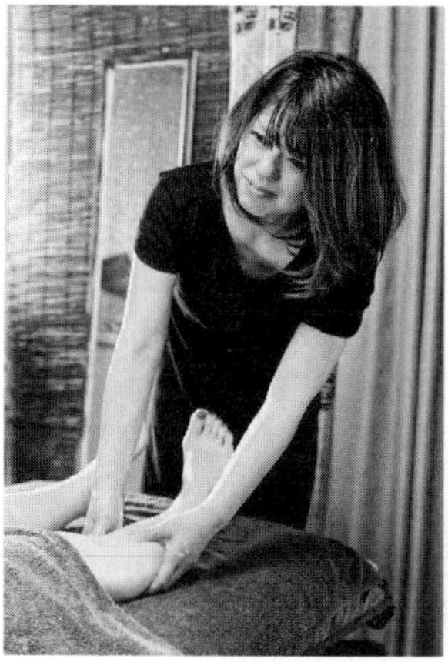

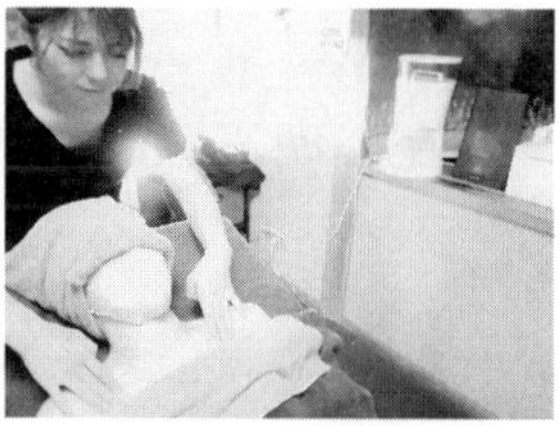

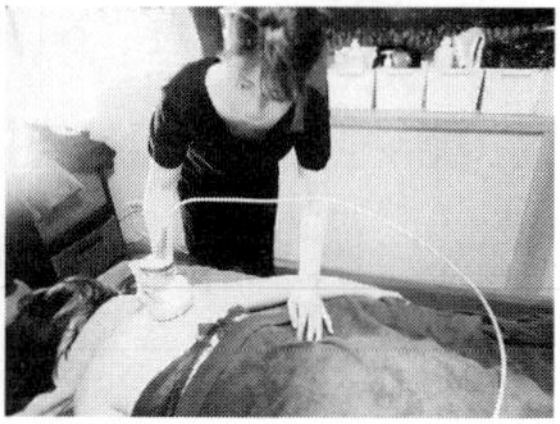

日程表

时间	内容
08:00	起床、在网上确认当天的预约
09:00	准备开店
10:00	正式开店、为第一位客人服务
12:00	吃午餐
13:00	为第二位客人服务
15:00	写博客、更新社交网络、日程管理、兼职培训等
19:00	为第三位客人服务
20:00	洗美容院的毛巾
01:00	睡觉

在心理不健康的状态下长大成人的我

我从小就是那种能看到“别人看不见的东西”的人。这样说可能很多人会觉得可疑，但我还是希望通过写下自己的真实经历，让大家能够多少理解现实中这样的人是真实存在的。

所谓能看到“别人看不见的东西”，并不是说我能看到逝者或者幽灵，而是指我能看到逝者或者活人的意志和想法。例如，被称为地缚灵[①]的被束缚在某地的亡灵，它不会出声，但是会直接向人的大脑传达意志。它会向人的大脑传达“我一直在这里哦”的信息，当大脑接收到这个信息，就会发现它的存在。

对于活着的人，我能从他所说的话中想象到他所说的人物和场景。在谈话的中途，当我把我脑海中浮现的人物形象告诉对方，问他：“你说的那位是这样的人吗？”很多时候我都说对了。这也经常会让对方感到惊讶：“你为什么知道呢？”

这种特殊的能力乍一看可能会让人羡慕，但是能了解他人的心情也不全然是好事。因为在理解他人的心情后，再和他人在一起时，自己的想法也会根据对方的状态而发生很大的变化。

---

① 地缚灵：一种日本民间迷信中的生物。日本人认为人或其他物体死后的活动范围有地域限制，地缚灵是指被束缚在某地的亡灵，此类亡灵多有怨念不化，因而成为恶灵。经常会出现在日本漫画里。——译者注

母亲常把“人间地狱”这个词挂在嘴边，我在她的抚养下长大成人，所以也继承了她的价值观。人的意识是很有意思的，如果耳朵里一直听到“人间地狱”，那么就会像这句话一样，招来的都是痛苦的事情。正是这样的环境造就了我这种自我肯定感过低的人格，再加上我很能理解他人的心情，所以从小到大我不管做什么，不管去哪里，我都是一个很会察言观色的孩子。

我几乎没有和自己本应最喜欢的母亲分享过开心快乐的事情。我感受不到母亲的爱，随着年龄的增长，“我为什么要出生呢”的想法一天比一天更强烈。而且，这样的想法在我长大成人后也没有消失。

被“开美容院吧”的声音驱使

这样的我迎来了转机。26 岁的时候，我突然听到一个声音对自己说：“你不自己开美容院的话会死的！”

我在大学学的是心理学，毕业后选择的工作地点是美容院，所以我对美容院的知识和技术都有一定程度的掌握，但那时候我从来没想过要自己开美容院。后来我也曾懵懵懂懂地想过自己试着开店，但每天都在告诉自己做不到。

但是，28 岁的时候，因为结婚，我突然想开一家美容院。既然如此，事不宜迟，我立刻行动起来。我为美容院选好了地址，想好了服务清单，还做了一张传单。然而，不管我发出去多少传单，我的店还是鲜少有客人光顾。

刚开始的时候非常艰难，店面每个月只有 7 万日元的收入。就在那时候，我发现丈夫欠了钱，我的生活陷入了困境，精神也很崩溃。然而，服务业必须保持微笑。一方面我想要治愈他人，另一方面又无法对自己的内心说谎，因此引发了一种名为经前焦虑症（PMDD）的疾病，每逢生理期前就会情绪不稳定。

每个月快到排卵期的时候我就很容易流眼泪，有一种想一个人去黑暗的地方安静睡觉的冲动，想死但是死不了。

在那之后的两年里，我去看了精神科，终于克服了经前焦虑症。但在什么都不懂的情况下开店的我这时终于产生了危机感，意识到如果不会吸引客人，店就会倒闭。

原本自我肯定感就很低的我很抗拒被人关注。在“不想被人看到”和“必须赚钱”的纠结中，每月收入 7 万日元的状况持续了大约两年。

就在那时，我看到了纳税额日本第一的畅销书作家斋藤一人[①]的视频，并且每天都要看。我开始学着多说斋藤一人先生所讲的“天国语言（谢谢、开心等积极的语言）”。就这样，不可思议的事发生了，疏远的朋友和认识的人开始联系我说：“我想找你做美容。”

---

① 斋藤一人：1948 年出生于日本东京，是银座丸汉（日本汉方研究所）创始人，日本著名实业家。——译者注

我既没有做华丽的招牌，也没多发更多传单，只是说着“天国语言”，客人却越来越多了。

我由此一点点地增强了自我肯定感，终于有自信为自己和店铺打广告了。

所有客人都是天使

随着广告的投放，我结识了很多新客人，每天都在挑战如何创造奇迹。

我一遍又一遍地重复着斋藤一人先生的“天国语言”，或许是这个原因，支持我的人越来越多。我并没有提出请求，但很多来过的客人都会主动帮我宣传。渐渐地，客人越来越多。这样的情况还在继续，我的感激之情更加溢于言表，然后又结识了更多的新客人。

在那之前，我过得很辛苦，也很讨厌自己。对这样的我来说，所有客人都是天使。于是，我们就形成了感谢能量的循环，也就是“谢谢您需要我，谢谢您光顾这家店！我也会将这份感谢以某种形式回馈给您”的循环。

话虽如此，有时我也不能坦率地说“谢谢”。特别是在那些忙得身体疼得睡不着觉的日子，或者在周末忙得瘦了两公斤的时候，始终面带笑容是一件很累的事。

这样的日子久了，我难免产生了不满情绪，心想“我也需要有人给我做按摩”。客人接收到我的情绪，于是就不会再来光顾了。从这样的经验中，我再次认识到了“生意兴隆的店充满了感谢的能量，生意不好的店只有不满的能量”。不管是什么类型的店，能否长久做下去的重点都在于经营者是否对顾客怀有感激之情。想明白这一点之后，我完全没有了“总有一天店会倒闭”的恐惧心理。

自那之后，我每天在思考如何向客人传达感谢的心情。我要努力让想瘦的人瘦下来，让想变漂亮的人变漂亮。抱着这样的想法对待客人，就一定能让客人的期待成为现实。

站在客人的立场上也是如此。客人不管去多少次美容院，如果抱着“真的能减肥吗”的疑问，就一定瘦不下来。就算花再多的钱，如果怀疑“我会变漂亮吗”，就不会变漂亮。一边想“这样做反正也瘦不下来”一边减肥的人就会面对瘦不下来的现实。相反，觉得“努力就能瘦下来”的人就会迎来瘦下来的现实。总之，你的想法可以改变现实。得出这个结论后，我开始每天正视自己的内心。因为只要经常保持积极的形象，就会迎来积极的现实。

但是我发现，身体状况也可能会让人无法变得积极起来。因此，我再次意识到了美容院的重要性。只要我能帮助客人改善很难自己在家解决的头痛、肩周炎和失眠等问题，客人的身体就会轻松很多。这样的话，她们的心态也会积极起来，心想“身体变轻松了，去买点东西再回家吧”。

我认为这就是服务行业的妙趣所在。我为自己制定了新的目标，就是要开一家不仅能让客人在疲惫的日子里消除身体的疲劳，还能引导客人保持积极的心态的美容院。

“谢谢你把我生下来”

在此之前，我一直低估了自己存在的价值，所以现在每天被这么多客人包围着，我深感庆幸。

有时候客人会问我“没有假期不辛苦吗”，但我觉得有那么多人需要我，所以一点也不辛苦。我之所以有这样的感觉，是因为我从小就被母亲说“别碰我，心情不好”，我一直抱着自己没有存在价值的想法生活着，现在才终于体会到被人需要的幸福。正因为有这段痛苦的过去，所以现在有这么多客人光顾我的店，让我度过了以前无法想象的丰富时光。

在此之前，我一直很恨我的母亲，但现在我可以发自内心地对她说：“谢谢你把我生下来。”我想，无论是谁，无论有多痛苦的过去，日后回想起来，其中很多事都会变成值得感激的事情。即使现在还不这样认为，也一定要带着自信往前走，我坚信有一天你一定会觉得“那时候发生了那件事真是太好了”。

人生是寻找自我的旅程。如果每个人都能找到真正的自己，喜欢自己，让自己的个性闪闪发光，那我们的社会就将是一个非常美好的社会。

在实现了开美容院的梦想之后，我觉得把“任何人都可以实现梦想”这件事传达给更多的人是我的使命。从“不开美容院会死”的念头出现在我脑海中的时候，这个使命就已经开始了吧。

今后，我会作为“圆梦人助威团”的一员继续生活，如果能帮到更多的人，我将倍感荣幸。

你是谁？

*

我是一位用双手为女性输送能量，帮助女性调整身体，改变身体曲线，稳定心理状态的美容师。

我从小就能感受到与众不同的东西。我知道身体只是我们外在的一部分，同时我也能感受到生生不息的生命灵魂。

*

南久惠：登上世界舞台的美的传教士

如果你想变美，请找到自我。

重视自己的个性，找到适合自己的自然的生活方式，就能发现“成为美丽女性的秘诀”。

南久惠

设计师 / 艺术家 / 艺术制作人 / 美容师 / 茶道教授 / 模特

出生于爱知县名古屋市。工学硕士。曾在丰田汽车公司工作，后赴法国，在巴黎开始艺术家生涯。回国后，在Mode学园①和演艺专门学校进行时尚与美容相关科目的指导。在做设计师的同时还创办了一家“分享审美意识”的公司，并策划了茶会和艺术活动。作为专属造型师，她将LVMH②（酩悦·轩尼诗-路易·威登集团）旗下的时尚品牌推向日本市场，并在横滨法国电影节的后台活动中大显身手。此外，她还关注内在美容，实践中医的饮食养生。现在，她从工学的视角出发，以艺术、化妆、医疗、衣食住等领域为基础，致力于从事跨领域的创新设计。她是2015年环球夫人大赛日本代表、2016年环球太太大赛日本代表、2016年世界最美已婚女性选美比赛首任日本代表、2017年地球夫人首任日本代表。

① Mode学园：培养服装行业、美发行业、图案设计、装潢业等各个领域的具有创造性人才的专门学校，是日本最大规模的专门学校。——译者注

② LVMH：于1987年由贝尔纳·阿尔诺（Bernard Arnault）将路易威登（Louis Vuitton）与酩悦·轩尼诗（Moët Hennessy）公司合并而成，旗下拥有50多个品牌，是当今世界最大的奢侈品集团。——译者注

日程表

时间	内容
06:00	起床
06:30	照顾植物
08:00	吃早餐
09:00	处理邮件
12:00	吃午餐
13:00	工作
17:00	散步
18:00	吃晚餐、自由时间
21:00	洗澡
22:00	睡觉

创意原点与海外经历

每次被问到“久惠女士，你为什么能做那么多事情呢”，我都会思考这个问题。人会把自己投射到对方身上，在对方身上看到自己，所以跟别人交流的时候也会带着个人的主观想法。但是，每个人基因里面的东西都不一样。所以，在自我分析的时候将先天因素也考虑在内，这或许是实现自我的一条捷径。在此，我想谈谈自己之前的经历，以及履历书中的空白部分。

我从懂事起就自然而然地开始画画，梦想是成为画家或设计师。在我 3 岁时，母亲就把我的画拿去参加幼儿杂志的比赛，那次获奖的情景我至今还记忆犹新。当时东京的杂志社寄来了获奖纪念品，父母也表扬了我。虽然我那时候只是个孩子，但知道自己的作品获得了肯定，内心还是有一种小小的成就感。现在想来，这正是我从事创意活动的起点。

小学一年级的时候，我的作品作为校内代表作在全国火灾预防运动的防灾海报大赛获奖。晨会上我一个人被校长点名表扬，并领取了奖状。之后我的作品经常在各种场合被选中，我还在校内的戏剧中扮演了主角。

我生来手巧，也有做造型的天分，一个人就能给洋娃娃做礼服，父母见我这样，便给我买了一台小缝纫机。我的奶奶是服装老师，她家每周都会收到来自美国的时尚杂志《WWD》。那时候，我的姑姑从纽约时装学院毕业后在当地经营了一家服装设计公司，母亲有时候会用她从国外寄回来的印花面料给我做连衣裙。而且，母亲每次去服装店定做衣服时我都会跟她一起去，从挑选衣料到量尺寸、缝制衣服等，我总是很期待能近距离地接触女装行业的工作。

我深受巴黎时装照片和时装杂志的影响，比起装饰画，我更喜欢设计更具功能性且穿起来也能感到幸福的衣服。于是我在小学毕业纪念册上写道："我将来的梦想是成为一名服装设计师。"

绘画、时尚、少女漫画让我对法国也产生了兴趣，尤其是上中学后我接触到了法国文学和法国电影，这让我更加被法式的东西所吸引。

另外，在思想保守的父母的教育下，我被培养成了一个淑女。父亲的祖上是纪州藩的武士家族，所以父亲对我说："要好好练习茶道。"于是我进入了和纪州德川家有渊源的表千家[1]门下。我去练习茶道的时候也会同时练习花道。

母亲的娘家是一个传承了十四代的医生家族。尽管如此，外祖父却开了一家和服衣料店，因此母亲很喜欢和服，我平时也经常穿和服。后来，在外婆的影响下，我练习了日本舞蹈，学会了和服的穿法和穿着和服的举止仪态，也学习了日本文化。

① 表千家：茶道流派之一。——译者注

我在大学主修日本文学，研究了中世[①]的文学。茶道源于佛教精神，因此我也算是学习了茶道的根本思想。另外，我从大一开始选修法语，到了大二时课上就只有我一个学生了。我常和老师在研究室一边喝茶一边聊着老师在巴黎留学时的故事以及法国的文学艺术。

在充满古典气息的环境中长大，自己学习和实践艺术，受到家庭环境的熏陶对时尚感兴趣，在了解日本文化的同时也被法国文化所吸引……这就是我一直以来的生活。现在回过头来想想，我的好运是我后来去了国外之后，才真正地开启了。我从我在国外的经历中，汲取了一些有益的东西，并指导我进入了下一个人生阶段。

第一次转机是在我 19 岁的夏天去美国的时候。我原本打算去巴黎留学，但学校主办的加州大学戴维斯分校暑期语言研修和寄宿项目在招生，所以我决定先去美国看看。美国的老师告诉我，即使失败也没关系，不要犹豫，要试着行动起来，不试一试就不知道结果如何。自那之后我明白了，与其因为不行动而后悔，不如积极地把自己的想法付诸行动，这非常重要。此外，寄宿生活让我感受到了美国人的热情好客，也切身体会到了参与志愿者活动的乐趣。

---

① 中世：日本划分历史时代的一个时期，此时期是日本古代之后，近代（日本史称近世）之前。社会制度为封建制。在日本主要为镰仓、室町时代。——译者注

回到日本后，我想做一些只有在学生时期才能做的事，于是就去做了国际关系的志愿者、艺术活动的讲解员、制造展的解说模特、铃鹿赛车场[①]的宣传女郎、新娘秀和振袖[②]模特等，我还曾在名古屋的车站祭典游行中乘坐敞篷车进行演出，这些都是令人怀念的回忆。

通过这些不同的体验，我构建起了多元的价值观。此后，社会贡献活动成为我的毕生事业。我参与了艺术文化振兴事业的艺术策划以及联合国世界粮食计划署的基金支援活动等。

职业规划的第一步

虽然我有成为设计师的梦想，心里也一直默默埋藏着去法国留学的想法，但却并没有为此采取特别的行动，一切都顺其自然。我以成为设计师为目标，却不知道这个目标是否能够真正实现，自己的实力能否胜任工作也是个未知数。我在朝着创意的方向发展，但却无法预料它作为一份工作是否适合自己。堂姐从小就和我一起玩，后来她考入了东京艺术大学的设计系，我也参考了她的道路，去了服装设计学校，但我并不想在东京生活。

我的优点之一可能是做事情比较谨慎。也因为这样，我迟迟

① 铃鹿赛车场：位于大阪和名古屋之间，在东京的西南面。铃鹿赛车场自从 1987 年就开始主办世界一级方程式锦标赛。——译者注

② 振袖：和服的一种。——译者注

没有决定自己的去向。到了求职季，受到朋友参加招聘活动的启发，我决定去参加与设计相关的本地企业——丰田汽车公司的宣讲会。在听宣讲的过程中我深受感染，心想“如果不是应届毕业生就无法进入大企业工作，所以现在是唯一的机会”，于是我的就业热情高涨，得到了学校的推荐名额，并顺利通过了入职考试。培训结束后，我被分配到负责所有新车车型的国内管理部门的总管小组，负责科长的秘书工作、接待客人、会计以及考勤管理等事项。

然而，在从事日常业务的过程中，我开始认真思考自己的未来，每天都在问自己“我真正想做的事情是什么”“我的人生就这样下去好吗”。抱着这些问题，我下班后顺路去了书店，随心所欲地拿了一些书。每天晚上我都会读各种各样的书，深刻地审视自己，把自己擅长的、感兴趣的以及想做的事全部写在纸上，进行整体分析和自我探索。

在经历了各种纠结后，我最终还是回归了儿时的梦想，觉得只有美术和设计领域才是自己的出路，于是决定从公司辞职。下定决心后，我告诉自己“人生只有一次，去做自己想做的事吧”，从而获得了去巴黎居住一段时间以及环游世界的勇气。

决定辞职的时候，我参加了名古屋小姐大赛并获了奖。从辞职后到去法国前的这段时间，我分别在日本通商产业省（现经济产业省）名古屋产业局和中日新闻总社编辑部工作过，也因此有了在日本行政机关和大众媒体一线的工作经验。

南久惠

去吧，去向往的巴黎

我曾在巴黎索邦大学[①]留学，也在专业的化妆师培训学校里学习过。在那里我接触到了时装秀、电影、戏剧、特殊化妆、人体彩绘等化妆技术，因为有画画的色彩感和手感，我学得很快，不久便能进入一线工作了。

我想把喜欢的事、擅长的事、自然而然就能做的事作为工作。在学习各种事物的过程中，我如果发现某件事不适合作为工作，那么转换方向就可以了。不要只决定一个方向，可以把几个专业结合起来作为工作，要重视自己的心理感受。

我以优异的成绩从化妆学校毕业后，一边做化妆师一边在美术馆附属的画室创作素描和造型作品，并以第一名的成绩通过了以建筑、室内设计和产品设计专业闻名的法国卡蒙多设计学院的造型考试，成功入学。

接触到巴黎的流行、美术和建筑等艺术后，我真切地感受到自己沉睡的创造力被激活了，感觉如鱼得水。同时，因为身在巴黎，我才更加意识到，在巴黎鉴赏日本文化和艺术时的我，其实是在用一个日本人的感觉和眼光来看待一切的。正是因为捕捉到了这种意识，我才明白了自己日本人身份的重要性。这么一想，

① 巴黎索邦大学：一所位于法国巴黎拉丁区的世界顶尖研究型大学。——译者注

我就觉得与其长期待在法国，不如回日本。

身为日本人，我还是要回日本发展的。回国后，名古屋的Mode学园联系我，希望我作为化妆专业的专任教师为东京、名古屋和大阪的三所学校制定统一课程。当时，因为学园里没有老师能够教学生我在巴黎学到的那种化妆技术，所以我被选中了。此外，在毕业活动的化妆秀上，我还向学生传授了特殊的化妆方法，并在化妆专业中首次展示人体彩绘作品，由此获得了好评。

之后，我将据点转移到东京，在东京的Mode学园、文化服装学院连锁学校、凡达设计研究所、东放学园[①]等学校担任客座讲师。我在从事化妆工作的同时创办了自己的服饰品牌，开始设计时装、配饰以及和服。

分享审美意识

我有很多关于美的思考，这是从小无形中养成的习惯。于是我以传播美，共享审美意识为目的，创办了一家从事艺术创作的公司，以及一家从事企划设计的公司。

公司主页上刊登着我从法国回国后，二十多岁时写的东西，

① 东放学园：前身是东京放送（TBS）教育事业本部创办的TBS电脑学园，始建于1969年。1979年得到认可后改制为东放学园，通过演艺传播业界的支援，为传媒界、音乐界培养出了大量优秀人才。——译者注

其中有一句“如果想变美，就要审视自己”。正如这句话所说，我认为审视自我，敏感地把握自身，重视自己的个性，找到适合自己的自然的生活方式，就能发现“成为美丽女性的秘诀”。我喜欢美的东西、善的东西，时刻以“美不美”作为判断标准，无论是对自己的内心还是对其他事物都是如此。

公司的第一次活动是在原宿，当时我们以“豪华派对第一季”（Dilettante Party Vol.1）为主题，邀请了一百位艺术相关人士出席。

随着业务的拓展，我还担任了东京时装周、巴黎时装周品牌的经营企划室总监，以及纽约时装周品牌亚太区的市场经理。此外，我的服饰品牌还入驻了银座的精选店，并被多家时尚杂志介绍。

1997年，在惠比寿花园广场花园大厅举办的国际新娘时装周上，我设计的长裙获得了设计部门的最优秀大奖。大赛的主要评委是弗朗索瓦丝·莫雷尚、植村秀、小池千枝、大内顺子以及代表日本时尚界的知名优秀老师们，因此获奖让我很有成就感，喜悦之情溢于言表。不仅如此，作为设计师，我还成为拥有近百年历史的美国时尚专业团体——国际时尚集团（The Fashion Group International）纽约总部的会员。

我在巴黎的时候就在使用法国专业化妆品牌玫珂菲的产品，该品牌进军日本后，从1997年开始，日本代理店就会经常咨询我关于产品的使用方法等。因此，1999年，我决定作为玫珂菲的专属艺术家担任磐城市立美术馆“凯斯·哈林[①]（Keith Haring）展”的人体彩绘演示师和工作坊的讲师。

1999 年 LVMH（酩悦·轩尼诗－路易·威登集团）收购了玫珂菲。我受巴黎总部委托，从 2001 年年初开始，被提拔为日本首任专属首席化妆师兼培训主管。在市场营销、艺术指导、杂志拍摄等方面，我都会和法国总部进行沟通，同时我一人身兼多职，从零开始让品牌在日本立足。品牌也有很多用于特殊化妆的专业产品，而我能够指导大家所有产品的使用方法，这正是我在巴黎学习化妆时的强项。当时我在日本 LVMH 旗下的七家丝芙兰店铺开展活动，并负责员工培训。

在 LVMH，因为我参与了克里斯汀·迪奥[②]（CHRISTIAN DIOR）香水品牌的工作，我还担任了 2002 年第十届横滨法国电影节、2003 年第十一届横滨法国电影节、2004 年第十二届横滨法国电影节的化妆师。当时，来自法国的电影导演和演员来日本参加电影节，他们会在电影放映前登台致辞，并在放映后与观众进行问答互动并举办签售活动。主办方准备了后台，我每天为女导演和女演员化妆时，都感到自己在巴黎学习到的法式审美意识和法式化妆方法以及法语交流能力起到了很大的作用。

---

① 凯斯·哈林：20 世纪 80 年代美国街头绘画艺术家和社会运动者。他的涂鸦已经成为流行文化中的一部分，在日常生活中几乎随处可见。——译者注

② 克里斯汀·迪奥：全球第一奢侈品集团 LVMH 集团成员，主营香水、化妆品、护肤品。——译者注

南久惠

2002 年，我参加了早稻田大学国际会堂举办的日本颜学研讨会第十一届“美发与化妆——与十位艺术家一起变身”的活动。1994 年和 1995 年，我作为妆发师参与了塔罗乌玛拉部落（Pappa TARAHUMARA）舞团拍摄的视频，在里面进行了关于舞台化妆的演讲和化妆变身的演示。

就这样，太多工作把我的身体压垮了，于是我决定用针灸的方式来调理身体。这成为我到日本中医学院（旧称：北京中医药大学日本分校）学习中医和药膳的契机，我也因此重新开启了学生模式。作为模特，注重自己的外形也意味着保持健康。随着审美意识的进一步提升，为了从内而外变得美丽，我开始实践中医理论的饮食养生，也更加重视自己。

如果我不在时尚界的第一线工作，而是从事美容与健康、茶道与饮食养生相关的工作，就不用非要留在东京了吧……2011 年 3 月，我按照原定计划前往北京，与清华大学美术学院的艺术家教授团队进行交流，给研究生讲授日本茶道文化并指导他们实习。在中国待了一个月后，我决定搬离东京，回到名古屋。

我想做在名古屋也能做到的事，想做在东京时做不到的事。所以我陆续参加了由世界八十多个国家和地区的美丽已婚女性参加的环球夫人大赛（世界大赛 · 深圳）、环球太太大赛（世界大赛 · 广州南沙）、世界最美已婚女性选美比赛（世界大赛 · 新德里）以及地球夫人大赛（世界大赛 · 拉斯维加斯），我丰富多彩的经历和社会贡献活动的成绩得到了认可，很荣幸地被选为日本代表。我参加了在中国、印度和北美举行的世界大赛，并被选为前 8 名和前 15 名，除了获得王冠，还获得了各种头衔。

通过参加世界级的选美比赛，我成为美国《选美女王》杂志的封面女郎，担任选美女王大使，并为纽约《生活方式》杂志和好莱坞的一些电影杂志等拍摄封面。

现在，我利用自己的海外经验和品牌企业的工作经验，从工学的角度出发，以艺术、化妆、医疗、衣食住行为基础，进行跨领域的创新设计，以便更好地解决社会问题。为此，我希望能够与大家一起分享审美意识。

漫漫人生，不知道什么是幸运。有时候计划好了却没能如愿，有时候做得不好，事后反而得到了好的结果。

人间万事犹如塞翁失马，让我们随性自在地生活吧！

你是谁？

*

我是南久惠。

我是一个为了让社会变得更美好而与大家分享审美意识的设计师。

我喜欢美丽和善良的事物，总是以美不美作为判断标准。

我想成为独一无二的、不可替代的存在。

*

丝兰·波卡：与爱犬一起，作为护士、防灾员以及社会创业者努力解决社会问题

真正属于自己的人生，就是按照自己的想法和节奏生活。只有承认并接受这一点，才能接近属于自己的成功。

丝兰·波卡（Yucca Pocca）

社会创业者 / 护士 / 防灾员 / 心理咨询师

1988年出生于北海道。取得护士执照后，被分配到重症监护室、创伤中心手术室等科室工作，有过地震救灾经验。以此为契机，在从事支援灾区和灾害医疗等工作的同时，开始将目光转向医院外。25岁时第一次辞职，之后，她为了保护小狗，发起了动物爱护活动，28岁时和小狗一起成功进行了第二次纵贯日本的旅行挑战。基于这些经历，她在30岁时作为社会创业者“丝兰·波卡”自立门户。她将关注点放在人的一生上，为解决社会问题，将捡到的小狗取名为“防灾犬”。她和小狗除了共同开展预防医疗和防灾教育活动，还活跃在心理辅导、新冠疫情应对部门的支援派遣活动、动物保护活动等领域。她的兴趣爱好是赛车、登山，以及带着爱犬驾驶着爱车纵贯日本。

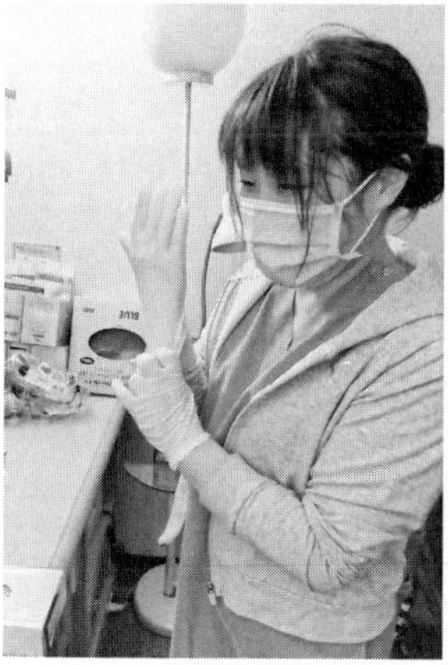

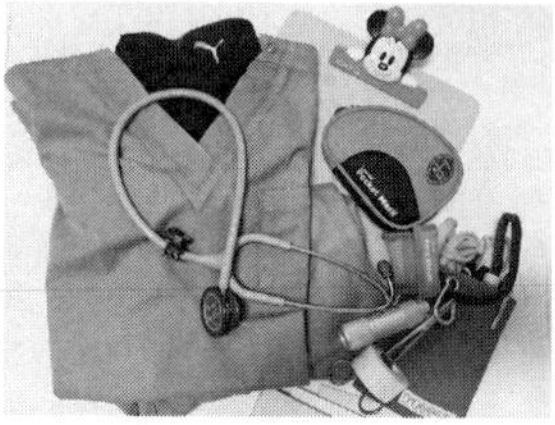

日程表

时间	内容
06:00	起床、收集灾害相关信息
06:30	准备早餐、照顾小狗
08:00	工作（支援新冠疫情防控工作、收集防灾和社会问题相关的信息、制作研讨会资料、检索最新论文、开发寻找走失的小狗的应用程序）。登山的时候会早上出发，全天不在家
18:30	回家、照顾小狗、吃晚餐
20:00	洗澡、放空时间
21:00	整理想法、研究理论、做记录
22:00	睡觉

与狗为伴，人世有情

我从小就过着不被周围人理解的生活。很多时候即使对我来说是对的事情，也会被大家说“不正确”。而且，我也经常会出于好意而抢先一步去做事，结果反而被指责。

世人都说“每个人都不同，每个人都好”，那为什么人就不能活出自我呢？很多人都希望活出自我，为什么这会被说是自私任性呢？我一直这样想，不知不觉间就产生了想要守护痛苦的人的心灵和生命的想法，于是我成了一名护士。在我还是新人的时候，我就被分配到了重症监护室，在直面生命的一线工作了将近10年。

因为这段经历，我有了一个更大的目标：作为一名护士，我要积累更多经验，成为无论何时何地都能拯救他人心灵和生命的人。为此，我认为不仅要在一个地方积累工作年限，还需要积累各种各样的经验，所以我尝试了多种不同的工作。

当然，我没办法仅凭自己的想法就随意换工作。跳槽的人往往会被认为是无法坚持工作的人，我的想法得不到理解，有时候我也会很失落，怀疑自己是不是真的做错了。

有一天，有一只被遗弃的小狗突然跑到我身边。为什么这只小狗会被遗弃呢？也许它是只任性的小狗吧。但是，在和小狗一起生活的过程中，我开始觉得这只任性的小狗也很可爱。当然，小狗也是有性格的，但也有通人性的地方。任何事物都是一体两面的，世界上没有完美的存在。

人也是如此。在和这只流浪小狗一起生活的过程中，我逐渐意识到，无论做什么事情，只需要看当时的时间、地点、人物是否合适，这样就可以了。

现在是一个多元的时代。“什么是普通，什么是理所当然，什么是正确”，这个问题没有答案，和其他人的价值观不同并不代表你错了。在这个时代，我通过不同的工作积累的丰富经验让我无论在哪里都能随机应变，我也因此获得了大家的认可。也就是说，选择一个能够发挥自己“优势、爱好、特长”的环境，这并不是一件任性的事。

过去不被认可的跳槽以及流动的工作方式现在也正在变得很普遍。稍加留意我们就会发现，包括自由职业和创业在内，我们的职业选择范围正在无限扩大。但在我10年前选择这种生活方式的时候，我做梦也没想到会有这么一天。

真正属于自己的人生就是按照自己理想的方式生活。道路不止一条，世上没有绝对的正确答案，当下你认为好的事情，就是你的正确答案。

如果每个人都能认可自己的目标、个性和优势，并加以活用，世界就一定会变得更美好。我们可以保持现状，如果想改变的话也可以改变。每个人都不同，每个人都很好。所以你也好，我也好，如此便好。

试着挑战不可能

我们习以为常的日常生活也可能在一瞬间被剥夺。灾害、事故、疾病等这些看似遥远的事情都随时可能发生在自己身上，这就是人生。我们每天都能在新闻上看到这样残酷的现实，但做梦也没想到会发生在自己头上。而当真正遭遇这些的时候，很多人会说出后悔的话。

“早知道会变成这样，我就应该更关注自己，应该活得更随心所欲。”每次听到这样的话我都会想：“怎样才能让大家为了自己的未来而珍惜现在呢？”

每当灾害发生时，很多人会被召回单位，我自己也有过受灾时把小狗留在家里自己前去医疗支援的经历。当时，由于整个地区停电，在不知是否会来电的不安中，我们启用备用电源来支持人工呼吸器，并为病人做了手术。尽管如此，我还是注意到了各种各样的问题，比如有人在走廊用应急电源边充电边玩游戏，有人在医院外争吵以及商贩垄断购物，身体不方便的人和有宠物家庭的避难安置等。

但是，再怎么抱怨也不会改变现实。重要的是每个人掌握多少能够保护自己的方式方法，能与周围的人互助到哪种程度，以及能够依靠现有的人和事物创造出多少选择。

受灾的时候，因为停电导致冰箱和燃气灶都不能使用，我担心食材腐烂，所以决定烧炭做饭。我和邻居们带着物资到外面做饭，大家笑着说："真像露营啊。"我们快乐平和地感受着人与人之间的温暖，那段时光至今仍是我心灵的支撑。

当今时代，我们都不知道什么时候会发生什么事情，而一直以来我所做的准备和我的经验缓解了我的疲惫、不安和后悔。而且，我切身体会到了人与人之间缘分的珍贵。

人这种生物，会本能地回避自己不想看到的现实。任凭他人如何传达面对现实的必要性，对于不想面对的现实，人们都不会刻意去关注。但是，我见过很多人后悔"要是知道 × × 就能得救了"，或者因为没有采取行动而悔恨终生。正因如此，我强烈希望能有更多人来思考如何才能活得不后悔。而这也正是我以"社会创业者"为目标展开活动的原因。

对一直以来只靠医疗行业生存的我来说，社会创业是一个未知的领域。我也曾被轻视说"你不可能做到"，确实，刚开始创业时，我就发现，创业的确不是简单的事。

解决问题需要做什么，需要做到哪种程度？为了了解让更多人容易理解和接受的方法，我加入了当地的消防队，还考取了防灾员、心理咨询师、宠物救护师等民间资格证书。此外，我将"应该知道的事情"和"感兴趣的事情"结合起来，确立了一种方法，让每个人都能学习保护生命所必需的知识。例如，为了让大家应对避难生活，我们结合露营等日常生活的乐趣来让大家学习避难的相关知识，我们还将应急食品与当地美食结合起来，以提高人们的应急食品储备率以及对此的关注度。

此外，我还通过心肺复苏培训，致力于让更多人学会如何拯救生命。就这样，“将现有的东西和不足的东西结合起来，创造出新的东西”的思维模式，成为我依靠自己的力量解决问题的方法。

迄今为止我经历过很多痛苦的事情，但仍然有很多让我内心感到温暖的瞬间。我不会忘记这些温暖，今后我将继续开展活动，希望更多的人能够获得生命和心灵的救赎。

如果你相信未被证明的东西并为此持续采取行动，就会时常感到孤独。但是，就算有人说你做不到，或者有人失败了，也不能成为你不行的理由。所以，现阶段你没有必要断定某件事在未来做不到，更无须因此放弃。只要选择自己认为对的事情去做，总有一天会做到的。

现在的自己迈出的第一步，是对未来的自己的守护。现在的自己能够过上理想中的每一天，则是一份来自过去的自己送给现在的自己的礼物。

把不愉快变成愉快

活出自我的人总是心情愉快，无法被满足的人的日常生活则充满了不愉快。

我曾经在很残酷的职场中工作，在那里，被认为是过劳死级别的每个月 80 个小时的免费加班是稀松平常的事。很多人每天都在认真努力地工作，但是身心都被逼到绝境，只能通过将不开心的情绪散播给他人来缓解压力。我目睹了很多问题，比如医疗事故、职权骚扰导致的抑郁和自杀等。人们因为不听从自己内心的声音，一直勉强自己，不知不觉就从受害者变成了剥夺别人未来的加害者……这样的悲剧现在还在一些地方上演着。

社会是由每个人的人生共同组成的，但是为什么在很多地方，人的一生会不被珍惜呢？在我看来，这是因为每个人都认为“只能这样了”“没办法”，从而放弃了改变。换个思路，如果每个人都用心努力，或许有一天社会就会改变。也就是说，如果大家都觉得做自己就好，这就会成为常理，所以大家都可以按照自己的想法去生活，去享受幸福。

我们要把不愉快变成愉快，创造一个温暖的世界。为此，我构建了用一个图形和三种理论改变世界的培养评价制度。该制度把焦点放在个人的优势和意愿上，通过因材施教、灵活机动的人员配置等机制，在不伤害任何人的情况下，让大家都能自然而然地选择适合自己的生活方式，并将个人的成长与企业的成长紧密地联系起来。也就是说，我认为如果能让每个人活用自己的兴趣、个性和才能，按照自己的方式生活，这将有利于日本社会未来的发展。

有人会说“理想和现实是不同的”“都是漂亮话”等，的确如此，正因为理想和现实不同，所以为了让现实变得更美好，才要把当下的现实和理想分开思考，想办法缩短它们之间的差距。

只要这样做，理想就很容易成为现实。

忍耐绝对不是美德。重要的不是忍耐，而是寻找不用忍耐的方法。动机的强弱与行动力成正比，傲慢会被心灵的智慧所弥补，沉稳是坚如磐石的基础，它会成为人与人之间的桥梁。

成长是发自内心的愿望，它会自然到来，所以我们不要为成长设限，也不必将其强加于人。重要的是要认识到“成长也可以”“保持现状也可以”。

我祈祷我们的社会有一天会变成一个顺其自然、充分尊重每个人自我的社会，与此同时，我也将继续展开活动。我会通过理论和语言来帮助大家，希望能让大家找到自己在社会上最舒服的位置。

把不可能变成可能的魔法

“才能是在与他人的交往中被发现的。”

我好像在哪里听说过，个性和才能都是与生俱来的东西，人对自己的才能往往不自知，但这些在他人看来却是很耀眼的。

“为什么总要说我跟别人不一样呢？”多年来我一直抱着疑问，不断追问这个问题。而我得到的答案是：差异是优势，活用这些优势才能使之成为自己的才能。例如，头脑灵活的人自然会去尝试创造新的东西。另外，花时间思考的人，因为自己花了时间去理解某个问题，所以才能把它通俗易懂地讲给别人听。人和人之间并没有优劣之分，只是不同而已。活用自己的不同才能发挥与生俱来的才能。

即使是同样的东西，不同的人也会对其有不同的称呼，有人称其为个性、才能，也有人称其为毛病、缺点等，一切都在于“认知方式”。人的思维方式、认知方式各有不同。对于同一件事物，有人理解，有人不能理解，也有人会笑着说：“虽然我不完全理解，但我接受。”

由此可见，想要活出自我，并不一定要得到所有人的理解。了解并接纳人和事物本来的样子，在此基础上思考今后应该怎么做，这才是解决自己、社会以及所有问题的方法。对事物了解得越深，就越能感受到人与人之间的差异。因为我知道了人的思维方式和认知方式是多种多样的，所以自己的心结也逐渐解开。

尽管如此，我有时候还是会感到失落，羡慕自己以外的一切事物。但是，当我能够接纳自我，笑着承认那些不完美也是我的一部分的时候，我才第一次觉得“啊，原来我还活着啊”。

今后我想和更多的人交往，发现彼此的才能，更多地关注到自己身上美好的部分。我想和更多人相互认可，我衷心希望我们的世界能允许这样的事发生。

一直以来，我总是因为跟别人不一样而被说“做错了”，如果大家都这样对待与众不同的人和事物，久而久之，个人意见就会消失。这不是恶意，而是不自觉。换个角度想，只要相信自己心中的“可能”并付诸行动，就能把之前认定的“不可能”变成现实。

在自己的世界里，除自己以外，没有其他任何东西是确定的。因此，我们不要勉强自己在当下强行判断善恶，以及某些事能做还是不能做。只要珍惜自己认定的东西，快乐地生活下去，这样不就很幸福了吗？

抓住梦想的人是知道自己想做什么并肯持续付诸行动的人。而当机会来临时能够稳稳接住的人，是那些从不懈怠、做好准备的人。梦想一定不是什么都不做就能实现的。该做的时候就要下定决心去做，这样的话，机会和缘分就会像礼物一样降临，梦想就一定会实现。

我是我的样子，你是你的样子，希望这个世界可以成为一个让每个人都珍视自我、活出自我的世界。

你是谁？

*

"我是我。"

我是护士，是防灾员，是心理咨询师。

我是动物救生员，是动物保护活动家，是摄影师。

我是社会创作者，是赛车手。

我是旅行者，是社会创业者。

我就是我。

"我是谁？""我到底想做什么？"生活在这个有众多选择的时代，我始终抱着这个疑问。我认为，不要轻易下结论说“我是这样的”，而是要诚实地体察自己的内心，在每一个时刻都选择自己想要的东西，这样就可以了。

我们要与身边的人和谐相处，同样也要重视自己的想法。

“你不是任何人，你只是你自己。”

我写这句话是想告诉大家，不要把自己人生的选择权交给他人，请坚定地活出自我。希望更多的人能够活出自我，过好自己的每一天，过上充实的人生。

由美：以副业开始的博客4个月实现月入100万日元

不确定的事物中才有机会诞生新的可能性。而且，只有勇敢地向前迈出一步，才会实现这种可能性。

由美

“天秤座”（Libra）股份有限公司董事长

博客社区“机会”（CHANCE）创建者 / 博主 / 博客顾问

1987年出生于兵库县。毕业后就职于大型金融机构，因为在机构内工作感到压抑，所以从2018年开始将写博客作为副业，三个月就实现了月收入27万日元，第四个月实现了月收入100万日元。于是她辞职，作为自由职业者自立门户。独立后第一年的年收入为1000万日元，第二年成立了自己的公司。现在，她的主要工作是运营多个网站，并为“想要从事不受时间地点限制的自由工作”的人提供咨询服务，已培养出了很多月收入达到10万~420万日元的学员。

日程表

时间	内容
07:30	起床
08:00	确认邮件、安排一天的日程
09:00	咨询服务
10:00	在健身房锻炼
12:00	吃午餐
13:00	去咖啡馆写文章和专栏
16:00	线上会议
18:00	吃晚餐
19:00	为学生提供语音咨询服务
20:00	自己的时间（读书和电影鉴赏）
00:00	睡觉

博客改变了我的人生

成为自由职业者的三年间，我的日常生活发生了翻天覆地的变化。导致这种变化的契机是我 30 岁的时候在公司工作的同时，开了一个博客作为副业。这件事彻底改变了我之后的人生。

我写博客的第四个月就实现了月收入 100 万日元，以此为契机，我于 2019 年以自由职业者的身份自立门户。独立的第一年，我的年收入超过了 1000 万日元，第二年成立了自己的公司。现在，我和 15 家法人企业有生意往来。

我的主要工作内容是写文章。具体来说，就是为网站写文章、写专栏、发行电子杂志等。最近，我也在从事教学工作，教那些和以前的我一样想通过博客来获得收入的初学者们写文章的方法。

这份工作的好处是只要有一台电脑，我就可以自由选择工作的时间和地点。我经常去喜欢的咖啡馆里写作，有时候也会去旅行。我可以完全不受时间和地点的限制，自由自在地工作。

现在我已经实现了一种自由度很高的工作方式，然而我原本只是一个随处可见的普通白领。我既不优秀也不差劲，可以说是一个平平无奇的女性。在此我想告诉大家，这样的我是如何实现现在的生活的。

大学刚毕业时，我就职于一家大型人寿保险公司，大企业给人以稳定感，那时候我坚信自己会在公司长期工作。然而，等待我的却是与理想相去甚远的残酷现实。坦白说，我的公司就是所谓的黑心企业。

在公司，每个月超过 80 小时的加班和双休日上班是家常便饭。毫无疑问，带薪休假是不被允许的。在公司里，我并不善于钻营，每天都被上司责骂。我越努力就越感觉徒劳无功。这样的日子一天天继续着，渐渐地，我感觉身心已经快到极限。在盛夏的烈日下，骑自行车外出也比想象中更辛苦，我在精神和肉体上都一天天被逼到绝境。即使是休息日，工作的事情也会一直萦绕在我的脑海里，挥之不去。一到晚上，“一闭眼就是明天”的恐惧感让我辗转难眠。

这样的生活持续了半年，某天早上，我终于无法从床上起来了。我至今还清晰地记得，我几乎用爬的方式想办法赶到医院，在病床上打着点滴呆呆地望着天花板的情景。

那个时候，我脑海里闪过“我真的想要这样的工作方式吗”的疑问。每天在同一时间起床，乘坐拥挤不堪的满员电车，看着一成不变的景色，全心扑在工作上，无论是自己的时间还是和家人、朋友在一起的时间，都不能得到满足。

我放弃了就这样在这家公司持续工作几年，甚至几十年的想法。我忽然意识到，一直以来我只是随波逐流地生活着。到了找工作的时间就顺势去找了工作，希望在被大家认可的稳定的企业就职，工作后也一直按照上司的要求去完成工作任务。我相信这样能让家人放心，得到朋友的认可，也会获得上司的肯定。

这样的我并没有那种“我一定要做这个”“我想实现这个梦想”的热情，我只是走在了被大家认为正确的人生轨道上。但是，在被逼到走投无路的时候，我第一次产生了“我想自己决定自己的工作方式”的想法。我想自己决定什么时候工作，什么时候休息，以及和谁一起工作，在哪里工作。而不是每天在同一时间起床，在拥挤的满员电车里摇晃，看一成不变的景色。

那一刻，我决定主动选择自己的人生。

我想从事写作工作

我看中了“写作工作”。因为我从小就喜欢和朋友书信往来，大学的时候玩过日记投稿网站Mixi[1]，进入社会后也玩过Ameba[2]网站，可以说我从很早以前就开始喜欢写作了。

读了我认真写的东西后，有人反馈“很有趣”“从中学到很多”，这样的话让我很开心。即使隔着遥远的距离也能透过文字激励到他人，可见语言的力量真的很强大，这也是我选择写作工作的重要原因。

---

① Mixi：日本排名第三的网站，同时也是日本最大的社交网站，主要提供日记、群组、站内消息、评论、相册等社交服务。——译者注

② Ameba：日本著名的日文博客和社交网站，创立于2004年。是Mixi这个同类网站的最大竞争对手。——译者注

如果能用文字的力量帮助到他人就再好不过了。但是，我从来没有从事过撰稿人的工作，也不是特别擅长写作。我对自己的写作能力没有自信，写一篇日记也要反复修改好几次，甚至需要花一天的时间。虽然心里很不安，但经过多方调查，我还是决定开始从事网络撰稿人的工作。

这份工作不需要特别专业的知识，只要按照网站要求的主题写出规定的字数就可以了。网络上有很多这方面的招聘，我认为也许自己可以做到，但是在调查过程中我也逐渐发现了这份工作的弊端。没有经验就能接到的撰稿人工作的文字单价很低，总之，这就是个拼数量的世界。

“写一本文库本的字数只能拿到 5 万日元吗？”我对其性价比之低感到震惊。把它作为副业赚点零花钱是可以的，但要想从公司辞职后靠它获得独立生活的收入，需要面对的现实却是相当残酷的。

于是，我又把目光投向了现在的工作——写博客上。我认为写博客很棒的理由有三个。

第一，虽然写博客的门槛很低，每个人都可以轻松上手，但它的收入是没有上限的。运营博客的费用是每个月 1500 日元左右。与开实体店不同，它没有背负债务的风险。与利用“煤炉”①

① “煤炉”：日本二手交易平台。——译者注

（Mercari）和 Buyma[①] 的商业模式不同，它也不用担心库存问题。不同于网络撰稿人，写博客的收入跟字数无关，而是由访问量决定的，所以相同字数的文章在访问量大的情况下就可以获得更多的收入。我曾经花 30 分钟写了一篇文章，竟获得了超过 5 万日元的收入。

第二，这种工作方式不受时间地点的限制。只要有一台电脑，随时随地都可以写博客。有时候我会在附近的咖啡馆里写作，有时候会边旅行边写作。如果是有孩子的人，也可以在做家务的间隙写作。写博客可以根据自己的生活方式来决定工作和休息时间，也可以自由选择工作地点，这是我理想的工作方式。

第三，通过运营博客还可以学到很多知识。比如博客产生收益的经营机制、透过文字吸引他人的写作技巧、利用互联网吸引客户的方法以及创建高收益网站的网络广告知识等。

此外，灵活运用这些知识，在独立创业后也可以提升自己。有朋友从事为法人企业制作网页的工作，也有人通过运营博客培养出写作能力进而承包了代笔写作的工作，还有一些人与其他行业的从业者合作，帮助他们在网上招揽客户，或者通过公开博客运营的知识和技巧而成为网红。我自己也开始从事博客相关的咨询工作，培养出了许多月收入 10 万 ~420 万日元的学员。

一个人通过运营博客掌握了相应的技能后，之后的职业生涯

---

① Buyma：日本海淘网站。——译者注

也会无限扩展。

做自己想做的事不需要任何人的许可

“我想改变人生。”我每天都会接到很多这样的咨询。说起来，我也曾有过同样的苦恼，闷闷不乐地过着每一天，所以我非常理解大家的心情。

我在遇到博客之前，也想“挑战新的工作”“在更能发挥自己力量的地方发光发热”。虽然这样想，却始终没能迈出第一步。因为我会有负罪感，会觉得“我是不是太自私了”“其他人再辛苦也在忍耐”等。而且我还会想，如果优先考虑自己的感受，这样做会不会辜负身边信任我的人对我的期待。

但其实，真正重要的不是别人，而是自己的感受。世俗观念如何，面子如何，恋人或父母反对，这些都没有关系。人要面对并优先考虑自己的真实感受，比如“我觉得这个很好”“我想做这个”等。尤其是那些习惯了把自己的感受放在次要位置，优先考虑他人感受的温柔的人，更是要学会把自己放在第一位。

为了做真正想做的事也要有勇气面对自己，要忠于自己的感受。我以前很苦恼于公司的人际关系，所以想自己选择工作伙伴。而且，我希望工作地点不是职场，而是自己喜欢的地方。最后，我想自由决定工作时间和休息时间，而不是被迫长时间工作。所以，我选择从公司辞职，走上了自由职业的道路。

也许有人会说“这种想法太天真了”“大家都在忍耐，你太任性了”，可是，你在听了这些意见之后，真的可以实现自己想要的未来吗？说这些话的人会对你的人生负责吗？你的人生只属于你自己，不属于其他任何人。你可以根据自己的喜好来决定怎样生活、怎样工作，不需要他人的许可。

完全没必要因为优先考虑自己的感受而有负罪感。开始做一件事的时候，不必给自己附加额外的条件，比如“要做出更大的成绩”“要满足周围人的期待”“要成为优秀的自己”等。如果一直回避眼前的其他选择，就等于断送了自己的一生。我不希望本书的读者变成这样。

保持胆怯，向前一步

挑战新事物的时候我总会感到不安。在我开始写博客的时候，辞职单干的时候，成立公司的时候，以及像这一次接受出书工作的时候，我总是会想“真的没问题吗”“要是失败了怎么办”，会有这样那样的不安。

所有人在进入新环境的时候都会感到胆怯。但我认为，不确定的事物中才蕴藏着可能性。正因为不确定，所以才有机会诞生新的可能性，正因为未来尚未决定，所以我们才可以自由地开拓。

三年前我还只是一个普通白领，对那时候的我来说，成功运营博客也好，自主创业也好，开一个年销售额 2000 万日元的公

由美

司也好，都是做梦一般的事情。此外，通过写博客，我也遇到了值得信赖的朋友和为我指明道路的导师。未来不仅有需要我们克服的障碍，它也会为我们准备好可以帮助我们的人和物。无限的可能性隐藏其中，这就是未来。所以，如果你找到了自己发自内心想挑战的事情，请一定要鼓起勇气去尝试。你想做某件事的时候就是对的时机。

“我的人生反正就这样了”“就算我再怎么努力也过不好”，请不要把世界上最重要的自己想成这样。在我看来，怀着胆怯的心情也没关系，让我们带着胆怯迈出第一步吧，这一点点的勇气就能创造你几年后的未来。将来，当你回顾现在的时候，一定会想“如果当时没有采取行动，就没有现在的自己”。

作为从事写作工作的人，能在背后默默地支持他人，为他人带来勇气，我想没有比这更值得高兴的事了。

你是谁？

*

我是三年后的你。

“我真的想改变人生”“我要去做”，抱着这样的想法鼓起勇气迈出第一步，你的未来就会是我现在的样子。

胆怯也没关系，害怕也没关系。害怕迈出第一步，证明你真的有一个想要实现的未来。

我是一个比谁都胆小的人，正因为是这样的我，所以才想要成为不安的你的指路标。

*

凛：白领丽人职场失意，投身博客事业，月入 1500 万日元

不要畏惧与众不同，大胆地采取行动。前方定有只属于你的美丽风景和美好结局。

凛

博客盈利及信息发布顾问

1990 年出生于北海道。毕业后进入大型通信公司，负责综合业务。她在经历了公司的人事变动后状态欠佳，出现抑郁症状，因此停职。她于 2017 年开始写博客，三个月后月收入就达到了 132 万日元，于是开始独立经营博客。此后，她通过写博客和发布信息获得的月盈利额分别超过了 1500 万日元和 7500 万日元，自此成为法人，实现了夫妻共同辞职创业的梦想。她现在主要负责发布电邮杂志，订阅人数已超过一万人。同时，她还经营多个网站和线上沙龙，与教育机构和企业联合开展网络业务，担任学校报告会和企业研讨会讲师。此外，因为博客和信息发布使"不受时间、地点、人际关系限制的工作方式"成为可能，所以她就如何从中盈利提供咨询服务，出售博客经营教材，使众多学员实现了月入 10 万 ~100 万日元。

日程表

时间	内容
07:30	起床
08:00	吃早餐
08:30	送女儿去幼儿园
09:00	工作（信息发布、博客相关工作、语音咨询、参加会议等）
12:00	吃午餐
13:00	午休
14:00	工作
17:00	购买晚餐食材，接女儿放学
18:00	吃晚餐
19:30	洗澡
21:00	哄女儿入睡
22:00	个人时间，工作
00:00	睡觉

失意白领一跃成为身家数亿的社长

“没什么想做的。”这是我从小就觉得自己比不上别人的地方。

一提到女性创业者，大家总会联想到“独立、追求兴趣”的形象。但我刚创业时却身心疲惫，处于抑郁状态。在医生的劝诫下我只得申请停职，整日躲在家中，消极厌世。不仅没有想做的事和感兴趣的事，技能、人脉、知识、自信、资金、经验……这些我通通没有，真的是“一无所有”。

那么，我究竟是如何摆脱这样的状况，开始现在的事业，能优先与重要的人和家人相处，过上自由生活的呢？如果你能从我接下来的经验分享中获得一些关于未来生活的启发，我将倍感荣幸。

请先允许我做一个简单的自我介绍。我叫凛，是一名顾问，有一个出生于 2019 年的女儿。我一边陪伴女儿成长，一边和丈夫一起经营网络市场，博客广告营销是我的主要业务。

我于 2017 年开始写博客，现在还担任学校报告会和企业研讨会的讲师，与其他企业开展业务合作，出任教育机构在线学习业务的顾问，也为那些想要靠自己的努力活下去的人们提供从零开始的创业支持，指导他们打造如何用产品和服务吸引顾客，以及帮他们制订展现个人魅力的计划。另外我还在出版书籍。这些年我的业务范围在迅速扩大。

虽然我看上去经验很丰富，但实际上在几年前，我曾因无法忍受残酷的职场环境和人际关系而陷入抑郁以致停职，甚至一度认为自己这辈子都无法再继续工作了。我的身心遭受了重创，开始怀疑起了这种“牺牲自我的生活”和“迷失自我的工作”。

于是，我决定不再依靠公司，迫切地希望能学习一些个人的生存技能。可是，我又无法在短时间内找到想做的事。冥思苦想后我觉得，既然不知道想做什么，不如先排除不想做的事，或许就会越来越接近答案了。

在我身心俱疲，精力和体力都快耗尽的时候，有四件事是我绝不愿意去做的。那就是外出、与人交往、体力劳动和长时间坐班。虽然我也觉得自己很任性，但把想法可视化以后，可选择的范围就缩小了。真有这样的工作吗？尽管半信半疑，但在网上搜索了一番关于“在家赚钱”的内容后，我竟意外地发现了满足我所有条件的工作，那就是“线上营销”。

我从中选择了几乎不需启动资金、能按自己节奏居家办公的“博客”作为开创事业的平台。虽然我从来没有写过博客，但写博客不需要艰深的知识和专业技能，不用开实体店，也不必担心积压库存，这些优点都很吸引我。

在我集中精力经营博客的第三个月，月收益额就达到 132 万日元，快速实现了从无到有。2020 年，我仅靠博客就能实现月盈利 1500 万日元。通过博客，我获得了信息搜集能力、吸引顾客的能力、分析能力、行文能力等综合经营能力以及自力更生的自信，这些都为我今后成为顾问开辟了道路，我也借此机会成为公司法人。

现在，几乎每天都有很多人对我在博客、电邮杂志和社交网络上发布的信息和咨询内容表示感谢。我的每一天都过得非常充实。如今这份堪称理想的工作让我又找回了曾经那个乐于与人交往的自己。

不是一定要知道自己想做什么才可以创业，也有很多人是在开始行动后才发现了自己真正想做的事情。这是我根据自己的亲身经历得出的体会。

与其花时间和力气去寻找想做的事，不如先弄清楚自己不想做什么，发现深埋心底的小小的希望的种子，然后鼓起勇气去付诸实践。这是让你摆脱“没有想做之事”的魔咒的关键，也是带你遇到“真正想做之事”的第一步。

如何让不幸福和不幸运化为“幸福的伏笔”

我最困难的时候因为抑郁症停职，失去了生活的动力和意义，开始彻底否定自己。我当时的心情就像是处在人生谷底的悲剧女主角一般，可现在我却把这次挫折看作人生最大的转机，并认为这是一件幸事。

如果有人和我有完全一样的经历，那么有的人会觉得自己很走运，也有的人会觉得自己倒霉透顶。虽然每个人想法不同，但在事业上取得巨大成功的人和赞美人生的人往往都会觉得自己很幸运。

过去已成事实，我们无法改变。但我们要活在当下，面向未来，今后的行动也许能改变我们对过去的看法。不论面对怎样的现实，都不要停下脚步，只有能继续前行的人才能走出新的路，才能过上自己想要的生活。

当然，我刚停职时也完全无法像这样思考。上司无理的斥责、无止境的加班、被说成“垫底”的每一天……我无法接受不能适应职场环境的自己，对于自己和他人的不同而感到羞愧，觉得停职是任性和逃避现实的行为，从而彻底否定自己，那时的我完全跌入了人生谷底。

可是现在，我却很感谢这一切的经历，甚至相信它是一种幸运，因为如果没有这些经历也就没有现在的我。我全然认可和接受了当下的自己，包括无法适应周围环境的自己，然后全心投入博客这一新事业，“痛苦的过去”渐渐变成了“成就今日幸福的过去”。

我们不仅要直面痛苦的过去，还要迈出新的步伐，积极行动起来。只要能做到这些，不论何时，不论何事，我们都能靠自己把过去改写为带来幸运的契机，甚至将未来也变成一片光明。

如今想来，小学时遭遇的霸凌，残酷的就业环境，抑郁症导致的停职等种种经历，每一段都有其意义。它们缺一不可，共同造就了我现在的性格、思维方式和生活状态。而且，这些经历对我今后的发展也起到了不可替代的作用。

如果能这样想，那些正在经历痛苦的人们也能相信前方会有更好的发展和一个更加美好的未来。任何一部电影或电视剧一定都有起承转合，而且转折的幅度越大，其戏剧性就越能引起观众的共鸣。

换言之，想要摆脱现状的强烈意愿才是战胜一切的动力，但只有真正能付诸行动的人才能走到最后。

“不幸和厄运都是幸福的伏笔。我们都能靠自己改变对过去的看法，改变未来。”怀抱这样的想法，我们就能积极地活在当下。

身为母亲的挑战

想要改变对过去的看法、改变未来，迎接挑战是必经之路。但是，特别是从已为人母的女性的角度来看，在身体和环境都不断变化的情况下，迎接新挑战绝非易事。但我认为，不断迎接挑战有助于女性实现事业和家庭的双丰收，过上与众不同的人生。我们虽赤手空拳，却能过上现在的生活，正是因为在大多数人止步不前时，我们采取了和别人不同的行动。

首先是生产的时候。生产是女性的人生大事。一般来说，生产前需要静养，但我的做法却完全相反。因为我在临近预产期时，推出了有史以来规模最大的促销活动（咨询企划）。我不顾危险担任了这场促销活动的负责人，也许有人会认为我这样做很不负责任，但我在做决定时就已经做好了遭受众人反对的心理准备。我那时的想法是，“在自己珍爱的孩子出生时，我还想再新添一名宝贵的成员，那就是自己的社群”“如果我现在拿生产当借口，今后也会以孩子为借口不去行动”。在如此强烈的意愿驱动下，我决定向那些“在清楚我生产风险的情况下，还愿意追随我的人”发出邀请。

这是一次极大的自我挑战，最终，一群能对我的价值观产生共鸣并给予理解和支持的人相聚在一起，其中不乏实干家。我们达成了数千万日元的销售额，取得了巨大成功。

这样与众不同的尝试为我带来了好评，我收到了来自身边的创业者、教育机构和企业发出的合作邀请，还有一些上市公司请我担任嘉宾研讨会的讲师，诸如此类，此前不曾有过的业务机会都在此刻纷至沓来。

其次是育儿。虽然孩子很可爱，但因为负责了许多广告业务，所以我必须确保工作时间。我切身感受到，兼顾育儿和工作远比想象中困难几十倍，但同时我也萌发了某种情感。那就是，“身为母亲，除了育儿，我还想作为一名独立女性和一名创业者持续发光发热”。我想让女儿看到妈妈帅气的背影，因此想要不断成长，勇往直前。然而，对我而言，隐藏育儿的艰辛只向大众展现美好的部分绝非易事，因此我最终未能坚持下去。于是我决定反其道而行，大胆去展示未经美化的真实的自己，也就是真实地展现出自己狼狈的一面。

事实上，在我的电邮杂志中，我不仅提供了具体的技巧和实践方法，展现了我作为母亲、主妇的私生活，还毫无保留地分享了一些难以启齿的失败经历和老生常谈的话题。

我的杂志不局限于只发布技巧，我还发布了许多有人情味的内容，让人们想要从我这里了解更多。最终，这种与众不同被大家认可，如今在我的经营下，杂志已拥有超过一万名读者，他们都是因为认准我而选择了订阅。

经过这些之后，我想要大声表达的是，身为母亲也可以兼顾事业和生活。对此，很多人都表示认可并产生了共鸣。

一旦有了想要守护的事物，女性就会变得无比强大。专注于某件事的女性会闪闪发光。无论是为了自己，还是为了和家人共享欢乐时光，女性都应有更高的追求。如果能像这样颠覆世上大多数人的既定认知，打破常规，你也将迎来属于自己的理想人生。因此，我始终坚信，不要害怕与众不同，要坚持自己的做法，这样才能收获幸运，开辟属于自己的未来。

我的幸福由我做主

当今时代，每个人都能按照心中的蓝图找到自己的定位，选择想要的生活。通往理想中幸福生活的道路绝不止一条。我们要了解各种可能，独立做出选择，理想生活就在前方。

我也是因为了解到还有自主创业这个选项，所以才实现了自己理想中的人生：

和喜欢的人，在喜欢的时间，在喜欢的地点，做喜欢的事。

我之所以详细分享了自己的经历，是因为不想让大家因为不了解自己而限制了自己的可能性，缩小了自己人生的选择范围。如果你想改变今后的人生，那么就不要害怕与众不同，要敢于行动。不必担心自己无法做到，当你拿起这本书时，你就已经采取了行动，选择了解新的生活方式。

作为自主创业的实践指南，从零开始创业的我的信息和经验一定会给你带来启发，所以请一定要来我的社交媒体看看。如果你能联系我的话，我会高兴得跳起来的。

最后，现在我最期待的是，能有越来越多的女性成为这样的“凛”——以本书和我的分享为契机，靠自己的力量增加人生的选项，让自己和家人获得更多的笑容。你是自己人生的主人公，你要比任何人都更相信自己的可能性，让只此一次的人生开出灿烂的花朵。

你是谁？ *

我一定是距离身陷烦恼的你最近的创业者。

虽然我运营着多个博客，为那些通过博客和信息发布等方式来获得收益的个人和企业提供支持。

但原本的我一无所长，技能、人脉、知识、自信、资金、经验……这些通通没有，我甚至没有梦想，完全是从零开始。这样的我很珍惜和女儿相处的家庭时间，还和丈夫一同辞职，实现了自由工作。

希望这本书中我的经历和坦诚的人生故事能有幸为想要活出自我的你予以心灵上的支持，为你照亮前行的道路。

*

渡边结衣：月入200万日元的恋爱顾问

这世上没有所谓的普通人。首先要承认这一点，然后持续地对外输出，这是获得自信的捷径。

渡边结衣

“参与巴黎”（Paris Engage）网站沟通专业教练 /

“扎维研讨会”（Zwei Seminar）婚姻介绍所讲师 / 恋爱顾问

1987年出生于神奈川县。离婚时放弃子女抚养权，为自己投入约300万日元，开始学习交流技能和自我启发。她在“参与巴黎”网站结识了一位一表人才的管理者，再次步入婚姻，在抚养新生儿宝宝的同时从事恋爱咨询工作，已为1000多人次提供了有偿咨询服务。她根据心理测评分析向无法猜透异性想法而烦恼的恋爱新手提供解决方案，这一策略广受好评，因此成为2019年最受咨询者喜爱的顾问，并以“月入200万的全职太太”的形象登上“Smart News”[①]，在会员人数多达56万的Time Ticket[②]上也高居全时段销售排名榜首。此外，她还多次亮相媒体，如朝日电视台的《奶油浓汤的高规格！优越馆》和TBS电视台的《林先生的初耳学》等节目。她的兴趣爱好是高温瑜伽和唱歌。

① Smart News：日本的一款新闻应用软件。——译者注

② Time Ticket：出售个人闲暇时间，为购买者提供各类服务的网站。——译者注

日程表

时间	内容
08:30	起床
09:00	练习高温瑜伽
10:30	在视频会议软件上召开员工晨会
12:00	一家三口共进午餐
13:00	送女儿去幼儿园，回家后开始工作
18:00	暂停工作，准备晚餐
19:00	一家三口共进晚餐
20:00	重新投入工作
23:00	结束工作
23:00	洗澡、洗漱、哄宝宝入睡
00:30	与丈夫夜谈
01:00	睡觉

不要认为自己是普通人

“我想成为可以用自己的名字做生意的自由职业者。”近来我常接到类似的咨询，但印象中能用自己的名字在事业上取得成功的人还很少。所以在接到这样的咨询时，通常我都会建议对方：“既然不会有任何损失，不妨试着挑战一下。”很多人听了我的话之后都会说：“我没有什么特别的技能，就是个普通人。”他们从一开始就限制了自己的可能性。

我经营公司已经两年，其间和许多被认为是成功人士的企业经营者交流过，他们身上确实有某些地方让我感觉这个人不愧能成功，因此我很理解咨询者们的心情。但是，如果真的想要凭自己的名字开启事业，那么过了今天，就不要再把自己看作普通人。

这样做有两个原因。第一，打造个人品牌。要靠自己的名字经营事业，就必须有意识地打造自我品牌。没有人会对普通人产生兴趣。想要引起关注，就必须说出自己的原创故事、特点和目标，要把设计、信息、行动等落到实处。有了这些，人们才能发现你的魅力，也才能加速你的事业发展。第二，你并不是真的普通人。我之所以坚信这一点，是因为在我自己三十多年的人生中，我从未遇到所谓的“普通人”。

请仔细想想，你身边有谁各方面都平平无奇呢？如果你想到了某个人，那一定是因为你还不够了解对方。每个人都有自己擅长和不擅长的事，大家不过是因为不确定自己能否成功而自愿扮演成“普通人”。

在向我咨询自由职业相关问题的来访者中，让我颇感意外的是，很少有人承认自己有很多不擅长的事情。既然如此，那又为何要感到不安呢？当我追问理由时，大家都给出了同样的答案——因为没有经验。

“没有一技之长也可以做自由职业者吗？”这个问题换个说法就是“没有经验也可以复刻经验吗？”。这样说或许有些严苛，但世上并不存在任何人都能复刻的简单技巧。所谓普通人也能做的事，只要略知一二就能做的事，在不久的将来一定会因为商品化而失去价值。但是，如果你现在已经在自己感兴趣的领域“有了写 300 篇博客文章的经验”，情况又会如何呢？你不觉得可以活用这些知识和经验来做生意吗？300 篇博客文章，一天写一篇的话不到一年就能完成。只要把自己所有的自由时间都倾注在一件事上，就一定能在一年内获得普通人所没有的经验和资本。

现在，所有人都能通过免费视频来学习各种各样的内容。能免费使用的照明、设计、动画编辑等工具也不再稀奇。在这个时代，我们已经不能再把“没钱”当作借口了。也就是说，只要有心，任何人都能轻松实现自我价值的提升。

将擅长的事分为天赋和技能

想用自己的名字来经营事业，需要自主品牌和具有个人特色的服务体系。但个人特色很抽象，因此大家又会陷入困扰，搞不清楚什么是个人特色。我曾向各种各样的人提过建议，从我的经验来看，将“个人特色”替换成“天赋”，其内核就变得显而易见了。

天赋是指人与生俱来的（或从小就有的）能力和魅力。我们在开创具有个人特色的服务时，先列举出自己擅长的事情，再分辨它是与生俱来的“天赋”还是后天习得的技能，这样就能找到答案。

我现在在从事恋爱咨询工作，“倾听”“共情”“恋爱心理分析”等都是我后天习得的技能。另外，我认为“理解对方的意图”“制定战略”都是我的天赋。二者的区别在于是否通过有意识地学习而掌握。

我本来只想做一个普通人，但因为我和别人太不一样了，所以无法融入社会。任何人都有痛苦的过去，但天赋就意外地隐藏在这样的经历中。

一直以来，我都是让父母头疼的小孩。我能很容易察觉到他人的意图，因此总会想出一些计策来捉弄对方。比如我在念幼儿园时，有一天，我在家里调皮，父亲一把抓住我的背，把我赶到门外。换作是普通的孩子，一定会在家门口哭个不停，请求父母原谅吧。但我当时感到强烈的愤慨，为了让父母更加难堪，我跑到可以俯瞰我家的一座桥上，等他们从家里出来。一看到家门打开，我便躲在桥上的阴影处。父母出来后发现我不见了，开始惊慌失色地找我。而我就躲在阴影处看着这一切，然后悄悄跑回家，等他们回来。他们回家后怒斥我说："你跑哪儿去了？"我说："刚才有只猫，我和它一起玩呢。"我很自信这种小孩子式的回答能获得父母的原谅。

现在回想起来，这只是一个微不足道的小插曲，但对我现在的工作来说，这种能力却是最根本的，因为我要了解他人的想法，要处理复杂的人际关系，为他人制定有效的恋爱策略。但是，我太会揣摩他人了，这样的性格会导致夫妻之间的沟通不顺利，在 28 岁那年，我的第一段婚姻走到了尽头。因为我从小就很向往幸福美满的婚姻，所以离婚对我造成了很大的打击。

自此之后我开始学习如何和喜欢的人顺利相处，我投入了大笔资金来学习恋爱心理学、成功哲学以及沟通技巧。而这也成为改变我人生的契机。我在 29 岁时注册了拥有 56 万会员的技能分享平台"时间门票"（Time Ticket）的账号，这是我开始恋爱咨询工作的起点。

一开始我毫无经验，做着每小时 2000 日元的恋爱顾问，但 4 年后，我从 56 万名会员中脱颖而出，成为有史以来销售业绩最好的服务提供者。

一直以来，我都想成为一个普通人，渴望普通地活着，但现在回过头来才发现，我并不是想做普通人，而是想成为一个能被社会接受的人。天赋就像未经加工的钻石原石，在打磨之前没有人知道它的价值和魅力。但当你同时拥有了能支撑起天赋的“技能”“专业知识”和“吸引客户的能力”时，它就会升华为你独具个人特色的服务之根本。

找不到自己擅长的事情，可能是因为还没有发现自己的天赋。了解自己，发掘自己的天赋，这是打造个人特色服务的第一步。

优势不是被发现的，而是被培养的

市面上有很多自我分析的工具，比如优势识别器[①]、九型人格[②]、四柱推算[③]等。如果你想加强自我肯定、接纳自己、从多角度观察自己、发掘自己的天赋，那么我非常推荐这些工具。但也有不少人将“个人能力”和自己的“服务优势”混为一谈，在起步时就无法提供有优势的服务，最终只能颗粒无收，惨淡收场。

---

① 优势识别器：全球顶级咨询、调查机构历时 50 年开发出的独一无二的优势测量工具，致力于测量和分析人的态度、意见和行为，已得到世界一些国家和商业机构的认可。——译者注

② 九型人格：又名性格型态学、九种性格。它包括活跃程度、规律性、感兴趣的范围、反应的强度、心理的素质、分心程度、专注力范围或持久性。——译者注

③ 四柱推算：一种根据干支地支、阴阳五行等理论来推测人的中国传统学问。——译者注

例如，擅长社交的人在参加不同行业的交流会等活动时，一定能在现场聊得很开心。但如果想有进一步的商业合作的话，就必须向对方展示出自己的绝对优势。

此外，在商业领域，你最终要推销的不是你自己，而是你的服务，否则将毫无意义。为此，我们需要意识到服务优势不是被发现的，而是被培养出来的，这样才能顺利地推进工作。

培养服务优势的具体步骤有四点：调查竞争对手→设定假想敌→打造品牌→做出成绩。

首先，调查潜在的竞争对手很重要。这似乎是理所当然的事情，但出乎意料的是，没有调查竞争对手就开始创业的人不在少数。其次，完成对潜在竞争对手的调查后，在此基础上设定假想敌。假想敌是指为了引起读者共鸣而设定的与读者共同的“敌人”。总之，就是要明确地指出他人服务的不足，并给出选择自己服务的理由。

其次，设定假想敌。比如，我从事的恋爱配对手机应用程序（App）服务就有三个假想敌。第一，婚姻介绍所。与婚介所的注册人数相比，配对应用程序的用户更多，而且也不会被逼婚，所以更容易开展活动。第二，恋爱博主。这类博主的恋爱技巧大多是纸上谈兵，也很难针对不同个性的人提供咨询。第三，男性搭讪大师。很多情况下，其成功只是因为他们本人长得帅或者条件优质，所提供的恋爱技巧大多无法复制。而且，女性的心理还是女性更了解。

再次，设定好假想敌后就要开始打造品牌。不论用哪种方式吸引客户，都必须用语言来传达自己想要告诉对方和想让对方感受到的内容，并且要不断地传递出连贯的信息。我的品牌就是“有亲和力”“温柔”“有逻辑”和“速成”。我一直致力于打造一个具有温柔底色，同时内容充实的社交账号，始终有意识地将恋爱速成技巧和逻辑上容易理解、情感上能引发共鸣的内容一并传达给客户。

最后，就是要做出成绩。一开始价格低一些也无妨，要有意识地在网络上留下客户的声音。我刚起步就在 Time Ticket 上收到了 200 多条评价，几乎全是好评。这为我建立了信誉，也为我带来了其他业务。我一点点地积累成绩，再利用这些成绩来吸引更多的客户。按照以上步骤，你也可以培养出属于自己的服务优势。

说句题外话，为了培养自己的服务优势，很多人会咨询我如何高效地学习专业知识和技能。对此我的回答是：“比起参加费用高昂的研讨会，不如去读书，然后每天发一条博客。换句话说就是，输入信息之后，还要主动输出信息。”

我从小就很喜欢看少女漫画，因此对恋爱很感兴趣。我第一次有了喜欢的人之后，为了让对方觉得我很可爱，我尝试了所有能做的事情，比如注意自己的言行、表情、反应、姿态，学会讨价还价，展现勤俭节约的一面等。我现在之所以能为大家提供以恋爱为主的咨询服务，正是因为我通过实践掌握了必要的专业知识。

渡边结衣

人类大脑的构造很奇妙，对于“需要掌握的东西”会有更强的记忆力。为了能自信地说出自己不是普通人，我们要不断地输出信息和学习专业知识。然而，有人会认为一个人写博客很辛苦，担心自己无法独立完成。针对这类人群，我建议创造一个迫使自己不得不去做的强制环境。

强制环境是指在这个环境下，如果我们不去做某些事，就会失去一些宝贵的东西，因此我们必须去做。例如，参加费用高昂的研讨会就是创造强制环境的方法之一。投入自己宝贵的资产，会促使自己产生“一定要赚回来”的动力。但我不是很推荐这个方法，因为很多人仅仅是参加了这类研讨会就已经十分满足了，并不会因此再去做什么事。

我推荐的方法是在咖啡馆或者网络上和许多人相约在一起做各自的事情，可以根据自己想做的事去提前预约并参加相应的聚会。比起自己决定的事情，人们会无意识地觉得和别人约定好的事情更加重要，也更容易付诸行动。另外，我们也可以定一个日期向尊敬的人发表自己的工作成果，或者从技能分享网站或朋友那里接手工作，进一步提高自己的工作积极性。

我们很难遵守和自己的约定，却很想要遵守与他人的约定。此外，遵守约定还能提升自我肯定感，可谓一箭双雕。如果能培养出自己的服务优势，自然也就能认识到自己的特别之处。

如果阅读本书能成为你靠自己的名字踏上自由职业之路的契机，这将是我身为作者最大的喜悦。

你是谁？

*

我是不普通的人。

我想，如果我在学生时代去医院就诊的话，我可能会被诊断出患有某种发育障碍吧。我有许多被认为是不好的特征，比如注意力不集中、粗心大意、常常迟到、无法安静下来等。但因为我创造出了可以发挥自己优势的环境，所以也收获了有洞察力、能看透本质、善于交际、应变能力强等积极评价，自我肯定感一下子就提高了。

我之前主要从事的是恋爱咨询工作，现在我利用心理学和成功哲学的知识，在社交网络上开启了全新的咨询和代理经营业务。

最近十年，我的身份有非正式员工、全职太太、正式员工、自由职业者、公司高管等。周围的世界在不断变化，这让我感到很兴奋。今后，我会比现在更加期待让我身边的人所处的世界不断发生变化！

*

★★★ 敏感系列 ★★★

高敏感人士的
幸福清单
作者已出版的作品累计销量突破69万册

雨天晴天
皆敏感
武田友纪

THE EMPOWERED HIGHLY SENSITIVE PERSON
拥抱
与众不同的你
高敏感者的超能力

★★★ 女性成长系列 ★★★

30岁
开始努力
刚刚好

蜕变
女性的职场领导力守则

THE MOST POWERFUL YOU
她世界
女性自我成长之路

WORKING HARD,
HARDLY WORKING
跃上
高阶职场
职场女性进阶守则

★★★ 自我疗愈系列 ★★★

情绪说明书
解锁内在情绪力量
世界知名临床心理学家带来的情绪说明指南
THE EMOTIONAL STATEMENT
中国科学技术出版社

可是我还是会在意
摆脱自我意识过剩的8种方法
和田秀树

拥抱躁郁
躁郁接线员的救助之旅
中国科学技术出版社

★★★ 应对系列 ★★★

自我疗愈系列
多位心理学专家联合推荐
升级口袋版
POCKET THERAPY FOR ANXIETY
QUICK CBT SKILLS TO FIND CALM
应对焦虑
摆脱焦虑的十种即时策略
中国科学技术出版社

自我疗愈系列
口袋版
POCKET THERAPY FOR EMOTIONAL BALANCE
应对情绪失控
情绪急救的十二种即时策略
中国科学技术出版社

自我疗愈系列
升级口袋版
POCKET THERAPY FOR STRESS
应对压力
缓解压力的十种即时策略
中国科学技术出版社

自我疗愈系列
口袋版
10 SIMPLE SOLUTIONS FOR BUILDING SELF-ESTEEM
再见，自卑
克服自我怀疑的十个即时策略
中国科学技术出版社